情境体验式乡村公共空间景观营造

隋晓莹◎著

吉林出版集团股份有限公司
全国百佳图书出版单位

图书在版编目（CIP）数据

情境体验式乡村公共空间景观营造 / 隋晓莹著 . --
长春 : 吉林出版集团股份有限公司 , 2022.11
ISBN 978-7-5731-2758-7

Ⅰ . ①情… Ⅱ . ①隋… Ⅲ . ①乡村—景观设计—研究—
中国 Ⅳ . ① TU986.2

中国版本图书馆 CIP 数据核字 (2022) 第 220964 号

情境体验式乡村公共空间景观营造
QINGJING TIYAN SHI XIANGCUN GONGGONG KONGJIAN JINGGUAN YINGZAO

著　　者　隋晓莹
责任编辑　王贝尔
封面设计　李　伟
开　　本　710mm × 1000mm　　1/16
字　　数　261 千
印　　张　14.75
版　　次　2023 年 3 月第 1 版
印　　次　2023 年 3 月第 1 次印刷
印　　刷　天津和萱印刷有限公司

出　　版　吉林出版集团股份有限公司
发　　行　吉林出版集团股份有限公司
地　　址　吉林省长春市福祉大路 5788 号
邮　　编　130000
电　　话　0431-81629968
邮　　箱　11915286@qq.com
书　　号　ISBN 978-7-5731-2758-7
定　　价　87.00 元

作者简介

隋晓莹，女，辽宁大连人，1981 年出生，中共党员，大连交通大学艺术设计学院副院长，全国应用型人才培养工程双师型导师，三维数字化创新设计应用工程师，辽宁省美术家协会青年美术家大连分会理事，中国高等教育学会会员，辽宁省美术家协会青年美术家分会会员，辽宁省土木建筑学会室内设计师分会会员，大连市女美术家协会会员。主要从事环境设计的教学科研工作，研究方向为建筑及景观环境的数字艺术表现和空间优化设计研究。

近年来先后在《美术观察》《机械设计》《城市建筑》《艺术与科技》等刊物发表学术论文 40 余篇，出版学术专著 2 部，主编参编教材 4 部。主持参与国家、省、市级科研课题 30 余项，获批国家发明专利 5 项，实用新型专利 6 项，国家外观专利 28 项，软件著作权 5 项。主持省一流本科课程 1 门，省教育教学改革项目 3 项，参与建设省精品资源共享课程 1 门，获辽宁省教学成果奖 1 项，校教学成果奖 2 项。个人及指导学生获得国家省部级行业竞赛奖项近 50 项，指导学生获批国家省部级大学生创新创业训练项目立项 6 项。

前　言

随着城市化进程步伐的加快，人们的工作压力越来越大，环境污染问题也日益严重。城市居民对生活质量的提高有着迫切的需求，一片绿色空间可以让大家远离城市的喧嚣。人们对生理方面和精神方面的追求给乡村发展提供了机遇。在经济时代这个大环境下，乡村旅游也得到了迅速的发展，对景观设计行业影响巨大。而在景观设计中如何使游人在赏景的同时与环境产生互动、交流，留下深刻的体验经历，是值得当代的景观设计师与相关学者探讨的学术问题。

乡村景观建设需要以保护自然环境、保持生态平衡为前提，因地制宜，开展多种不同的风格，融入更多的创新元素，形成地区的产业化发展，有目的、有计划地逐步实施，一边保护生态一边进行建设。乡村景观建设是一门综合艺术，需要结合人们内心的真实需求，恢复乡土风貌、乡土人情，将山水田园的自然元素和现代园林景观、人工建设以及农田特色等相结合，满足人们对回归大自然的追求和对淳朴乡土风情的渴望，实现现代文明和自然生态的完美融合。

随着体验经济的浪潮席卷全球，各行各业都在被体验的理念所冲击，景观设计界也不例外。由于当代园林过于重视视觉意识，所以重新唤起景观设计中的体验性显得尤为重要。人们在满足景观功能的前提下希望能够通过体验的方式与景观互动。在这种理念的推动下，体验与景观设计的结合将成为一个必然趋势。园林的体验式设计并不是一种新兴的说法，可以说“体验”是景观设计中贯穿整个设计的核心思想。体验式景观设计非常重视人与自然在各个层面和感官上的相互作用并产生情感体验，简单来说就是当一个人置身于一种景观环境，从中获得情感上的某种认同感，而不只是被动的使用体验，力求激发人们的各种感官的景观设计。

本书通过对体验式理论进行阐释，然后在乡村景观的特征与形式的基础上进行乡村空间构成和设施建设。在撰写本书的过程中，作者听取了很多专家、学者的宝贵意见，同时得到了同行、友人的大力支持，在此表示由衷的谢意。由于作者水平有限，书中疏漏之处在所难免，恳请广大读者批评指正。

隋晓莹

2022 年 6 月

目　录

第一章　体验式设计的解读

随着时代的发展，景观设计不仅仅只是一部分群众的独特需求，也不再是装饰建筑和环境的附属品，作为改善小气候、净化空气质量的重要手段，它是人类面对自然的一种生存状态。当下，很多设计师认为对视觉的重视就代表了体验式的设计，这是错误的观念。虽然景观设计的发展一直受雕刻、绘画等艺术牵引，有超现实主义、风格派、构成主义、波普艺术、极简主义等，但这些设计在对体验式景观设计上的主动性不够。另外，体验式景观设计的发展虽然看起来华丽、细腻、精致，但实际上缺乏使用功能性。近年来，景观设计开始向“能让更多人使用参与”“刺激感觉感官”等方面发展，最明显的体现就是针对特殊人群的无障碍设计，这向体验式设计迈进了一大步。

第一节　体验式景观设计的含义

一、景观的概念

从字面上看，景观一词是由“景”和“观”两个字组成，在《说词解文》中被解释为日光下的景色，后来渐渐演变成“景观”“景象”“场景”等意思。在百度词条中，关于景观（Landscape）的解释是具有视觉美学方面的意义，是一种过程的体现。后来又衍变出“观景”词。“景观”是指自然风景，“观景”是指人看景，“观”后就会出现“体”与“思”，这也就是中国古典园林设计中的趣味和意境的初步思路。

在西方，“景观”首先被用在绘画里，成为“风景”与“景色”的代名词。后来，“景观”一词又被设计师用来勾画建筑与其周围的自然环境。直到 19 世纪，人们才开始用比较科学的方法对景观进行研究，使其成为一个多学科领域研究的对象，包括在视觉领域、生态学领域、医学领域、建筑学领域、室内设计领域等方面。在视觉体验的领域中，景观设计师将景观与景观视觉轴线结合、分类，分为“看”与“被看”两种形式。与此同时，俞孔坚教授在《纪念麦克哈格先生逝世两周年》中把景观这一整体看作视觉审美的对象，表现了对人与自然、人与土地、人类与城市的态度，但这种仅仅把景观当作“视觉审美的对象”的说法存在一定的片面性。同时，建筑师把景观作为建筑周围的绿化附属品，是与建筑完全独立、分离的个体。在生态学领域，景观又将廊道、景观基质、斑块等为主要研究对象；在医学中，景观被用来辅助治疗的病人，使他们可以放松心情，从人类主观意识中缓解病情。人类不断地从景观中汲取可以利用和学习的资源，经过不断努力，最终使景观成为一种丰富的社会精神文化。

二、体验的相关概念

体验一词来源于拉丁文“Experior”，指通过验证或证明而直观的、非理性的从感觉得来信息的一种方式。“体验”一词在《韦氏词典》中被译为“看到的事情和东西发生在了自己身上，并获得一定的经验和知识”，在《辞海》中被解释为“通过实践来认识周围的事物、亲身经历；查核、考察”。亚里士多德曾将它理解为“由感情产生的多次串联的记忆”。

通过上述表达可以概括出“体验”一共有两层含义，一种是人类的心理感受，另一种是亲身经历。“体验”最初的构成来源于“经历”一词，并经常出现在旅行日记和人物传记中，人们在经历中体验并获得经验（图 1–1）。

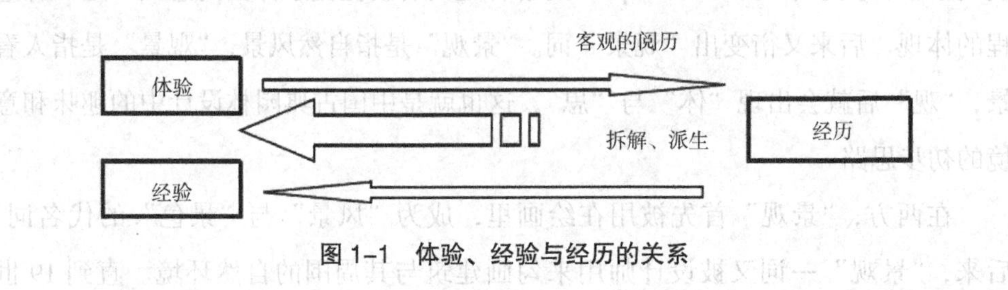

图 1–1　体验、经验与经历的关系

体验是身体在空间上的运动。在中国古代，人们将游历后的感慨写成诗篇，寄情于景。例如，李白在《游溧阳北湖亭望瓦屋山怀古赠同旅》中写道，“朝登北湖亭，遥望瓦屋山”；在《陪族叔刑部侍郎晔及中书贾舍人至游洞庭五首》中提到，“南湖秋水夜无烟，耐可乘流直上天。且就洞庭赊月色，将船买酒白云边”；还有《春陪商州裴使君游石娥溪（时欲东游遂有此赠）》中的，“褰帷对云峰，扬袂指松雪”，道出了松的傲雪姿态……过去他们来到这里感受前人的时光，写下了自己的感悟，待后人再读到他们的诗篇，便常常忍不住想再去追寻他们的足迹，感受当时每个诗人的经历。例如，在德国海德堡就有一处非常出名的“哲学家小径”，曾经吸引过许多的诗人和哲学家在这里思考、散步。他们的行走就变成一种有价值的“体验”，至此我们便可以理解为什么一块普通的石碑、一条舒适的座椅就令游客无限遐思、不忍离去。下面按照“哲学家小径”制作了景观体验分析图（图 1–2）。

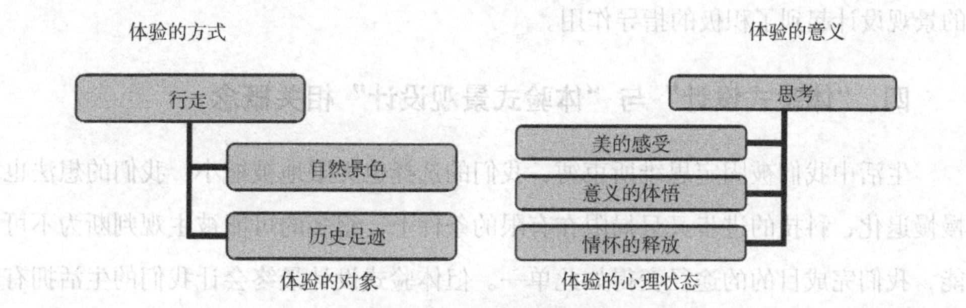

图 1–2　景观体验图解

学术界对“体验”一词的具体概念根据不同学科领域进行了不同的划分，基本从哲学、心理学、教育和经济学四个角度进行阐释。人类体验的初衷是从实用角度出发，经过漫长的岁月演变成理性的、技术的、人性化的、物性与非物性的结合。

三、“景观设计”的概念

“landscape”在英文中直译为“可以看见的景象”。时至今日，随着对这门学科的深入研究，对景观设计的定义也演变得更加全面系统，它被定义为能在某一画面展示，能在某一视点上全览的景象。也就是说，景观设计是一门综合了自然科学、生物学、大地景观的综合设计。在建筑设计或规划设计中，往往需要利用景观设计的相关知识对周围环境进行综合考虑和设计，使建筑群和周围的环境相呼应，达到一种和环境共存的设计方式。景观设计既是科学，也是艺术，它的科学性体现在它需要一个范围非常广的理论基础，并且需要合理利用土地、构筑物空间要素管理技术、分析、规划布局、改造等手段，为人类创造健康、舒适、安全的环境。景观设计的艺术性在于它的设计需要建立在美观性的基础上。景观设计的本质就是将人、室外活动与环境相结合，在功能性、装饰性、系统性都满足的前提下建立人与自然的关系。

我国在进行景观设计时要考虑人与自然和平共处这一基本原则，所以需要设计师在充分学习了自然和社会这两个系统知识的同时，还需要考虑协调人与自然的关系。景观不同于过去的园林，现代的景观融合了现代的科学技术和理论，是一门比较新的学问。中国古典园林中“虽由人做、宛自天开”的设计理念为当代的景观设计起到了积极的指导作用。

四、“体验式设计”与“体验式景观设计”相关概念

生活中我们被固定思维所束缚，我们的选择也无限地被缩小，我们的想法也慢慢退化，科技的进步又只局限在有限的条件上，很多的可能被主观判断为不可能，我们完成目的的途径变得如此单一。但体验式设计最终会让我们的生活拥有更多的选择。例如小叮当神奇的任意门，虽然这只是完成目的的某种途径，但也可以认为是最直接的体验式设计。体验式设计是一个以人为本的个性化的设计，或者说是随心的设计。体验式设计区别于其他设计的一个最大因素是它拥有一个设计周期，即设计、发现、感悟、再设计，才能呈现出来，所以体验式设计是一个能充分体现设计师和用户个性的设计，是一种能带给每一位客户独一无二的、非我莫属这种体验感的设计。

体验式景观设计是除了考虑人类最本质的感官感受（视觉、触觉、嗅觉、听觉和味觉）之外的，独立存在着的一种包括直觉、回忆、想象、猜测等心理感受的体验过程。就一般情理而言，所有的设计都务必要顺应人们的生理标准的量度。必须受我们的感官感受的一一检验，还需要考虑我们的习惯、反应和冲动。不过，仅满足天性是不够的，还必须具备一个完整的人所拥有的更平凡的需求。

真正的体验式景观设计是让人身处其中并且对周围的环境产生真实的心理状态，包括惊讶、紧张、放松、安全以及悲伤、高兴、好奇，有意识或无意识地造成心理剧烈活动的状态。以前，判断景观设计的好坏仅仅是通过外观看起来是否美观好看，设计技术是否娴熟酷炫，但好看的景观设计不一定是人们喜欢的，也可能因为设计的使用不便而和使用者们渐行渐远，让人们越加疏离。如今的体验式景观设计是通过空间布局、使用者需求、是否能快速融入景观中，包括与使用者之间的互动性、主题是否吸引人，最重要的是看整体设计是否让人感到舒适这些方面来判断一个好的体验式景观设计。在翻阅了很多文献后，笔者将体验式景观设计概括为“以规划设计的设计对象作为体验者，利用多样化的设备设计出既让使用者满意又能与人们的内心确切相连的空间形体，并最终使使用者获得景观认同感”的一种设计方法。

提到“体验式景观设计”人们还经常会说一句“以身体之、以心验之”。意思是说，人的内心无时无刻都充满各种需求，当人们在不断地行走过程中感受到不同的周围环境，心灵将会直接受到震撼。试想一下，当我们站在撒哈拉沙漠面对一望无垠的沙漠时、当我们游走在九寨沟的五彩池边、当我们被张家界的群山包围、当我们迷失在鼓浪屿中，心中产生的激动、惬意或轻松就是反应“以身体之、以心验之”的具体表现（图 1–3）。

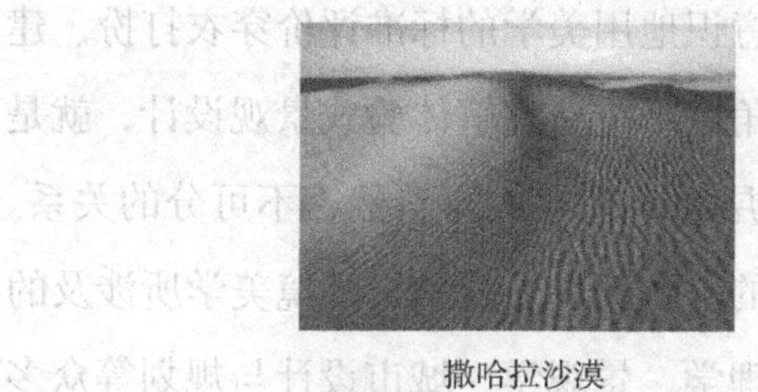

撒哈拉沙漠

五彩池

鼓浪屿

哈利路亚山

图 1–3　各地风光

来自脚下地面的舒适、柔软或粗糙不平的感觉，这让我们的身体与景观零距离接触，也让人们对自己所处的三维空间进行了重新的思考，这带来了非常奇妙的体验感。

五、相关理论研究

（一）环境行为学理论

环境行为学是以心理学为基础，讨论分析环境与人之间的互动关系，并在景观设计中充分运用总结，用以提高人类的生存环境的一门学科。环境行为学的涉猎范围非常广泛，包括景观设计学、建筑学、城市、环境等在内诸多学科，主要研究体系是人与环境的关系、人的行为、认知、感知等。

（二）环境美学理论

环境美学又被称作“应用美学”，是20世纪下半叶逐步兴建起来的美学领域之一，它不单单增添了美学在其领域内的分析，并且将其和艺术领域之外的各个学科联系起来。环境美学主要研究的是人类心理对环境审美和人类自身生活环境相融合的现象，进而得出环境美对人类工作状态、身体健康度都有非常积极的影响。它将美学和其他学科领域之间的关系融会贯通，强调了美学和其他学科的具体联系性。环境美学就是在实际生活中有意识地用美学的标准评价穿衣打扮、建筑住房、装饰装扮等行为。从环境美学的角度来重新理解体验式景观设计，就是从抽象转化为具象，从感知到理性接触的层面来理解人与自然密不可分的关系。环境美学现在已经成为美学领域里最闪耀的一颗新星。目前，环境美学所涉及的学科非常广泛，包括色彩学、生物学、心理学、景观学、城市设计与规划等众多学科。

（三）旅游体验理论

“旅游体验”也是体验经济到来后自然出现的产物，它是指游客在某地消耗体力、精力、时间去学习、参观，给自身带来回忆享受和个体感官印象的复杂综合体。国外的旅游体验早在20世纪60年代就开始争议不断。有人从营销学的角度把旅游体验理解为游客的满意程度。还有些人认为，旅游体验就是从游憩活动中获得心理感受的个体的集合。在我国，旅游体验研究目前是旅游学的研究核心内容，是最能体现出体验式景观设计的实际应用。有资深专家学者认为，旅游体验就是让游客在参与旅游的同时感到快乐，通过与外部世界的接触而改变其心理状态的过程，旅游体验可以通过不同的分享方式满足不同人群对体验的理解。

第二节　体验式景观的分类与特点

一、体验式理论的发展趋势

（一）体验经济是时代发展的大趋势

体验经济是将企业所提供的服务作为舞台，将商品作为道具，为消费者创造出难以忘怀的情愫，它是以满足人们的情愫需求和自我实现为主要目的的经济形态。人们需求的变化是体验经济出现的必要条件，它的出现同时也反映出人类的消费水平和消费心理正在演变成一种新的形态。因为需求，所以发展。体验经济就是立足于服务经济之上，并远远超过服务经济的一种经济状态，未来的市场也必将由产品的“体验”优劣来判断产品的服务质量。也就是说，体验经济到来后，人们将从过去重视产品外形包装、功能和价格上迅速转变为重视产品是否具有体验性、是否能从情感上满足大众需要、是否具有独特的产品文化内涵等这几个方面来判断，利用产品塑造思维认同，使消费者可以心甘情愿地为自己的“体验”买单。体验经济无论是从消费者或是企业的角度来看，无疑都是通过创造情感认同和自我实现来促进消费的一种社会产物。

在体验经济的背景下，几乎所有的规划与景观设计中都更加重视“人本主义”的思想，从工业设计的“只为她设计”思想到旅游业的主题公园、主题餐厅以及主题客房，我们不难发现，现在的体验经济更重视的是“体验”的满足感。例如，旅游区中的民俗旅游区，其重点意在让游客参与民俗表演，切身体会民族风情。中国香港迪士尼乐园里，通过模拟卡通人物和动画片中梦幻情景再现，给游客创造身临其境的体验。体验经济的发展对设计行业来说最大的变化是参与性、差异性、教育性、审美性四个方面的改变，甚至很多企业利用这些方面通过外在环境给消费者营造出心理上强烈的认同感，再利用企业文化的品牌效应加以包装来进一步营造出这种体验给消费者们带来的“体验感”。体验式景观设计的核心就是创造难以忘怀的经历。

（二）休闲时代人们对景观的观念改变

景观既是人们欣赏自然的对象，也是诗人、画家和作家获取源源不断的灵感的来源。以往的景观设计以国外案例和设计手法为蓝本，简单地修改复制拼凑得来，千篇一律、形式单一，主要以功能至上为主，千人一面。劳动节、国庆、春节假期等小长假使人们有了更多闲暇的时间去追求心灵的文化，而人们对景观的评价标准也从过去的仅仅提高空气质量、改善城市热岛效应、提高城市绿化率这样单一的目的变为希望体验更多的景观场所，体验逐渐成为人们的心理需求。例如，在旅游上，人们从以前的“上车睡觉，下车拍照”的走马观花的方式转变为“设计参与性”“下马赏花”“沿河看柳”“体验场景”；过去人们在动物园中的隔着玻璃看睡觉动物的乏味，转变为了可以真实体验动物的生活场景并走进大自然的野生动物园。人们在新的环境中产生兴奋、激动、喜悦、悲伤的情绪，被刺激、被感染，完成一种可以满足自身“心理需求”的体验——自我实现，人们对景观的鉴赏逐渐演变成一种置身其中的情境体验。

（三）景观设计趋于人性化、多元化

景观设计的趋势一直是从人的根本需求出发，力求创造一个为人类提供方便的空间场所。现代的园林景观设计除了从美观性方面进行研究之外，对其实用性也越来越重视，同时景观设计的人性化也受到行为科学、心理学和社会学等多元学科的影响。许多设计师在设计中充分考虑空间的公共性和私密性、使用的实用性以及噪音、色彩、植物的气味性和季节性等因素，他们认为只有满足人类心理需求、行为习惯、更多地关注于人类对物质环境的需求，才是真正意义上的人性化。

《为真实世界的设计》一书由著名的设计师维克多·帕帕奈克所著，著书中曾提到了三个畅想：第一，设计为更多的广泛的人民大众提供方案，绝不只是少

数富有的人；第二，不仅考虑健康人的活动场所，设计同时也为残疾人提供了活动场所的相应设施；第三，设计更加生态化，利用地球有限的资源进行设计。例如，在公园或社区中，儿童娱乐设计旁的庇荫树、树荫下的棋盘、树池坐凳等；自然旅游风景区中，在云南茶田既可以身临其境地体验自然之美，也可以让游客亲自制茶体验采茶的乐趣；公园里的石碑、烈士陵园中庄严肃穆的设计都是人性化的具体体现。以上实例证明，他的这三个观点已经成为人性化设计所追求的目标。

（四）景观设计中“形式与功能相结合”

景观设计由绘画艺术兴起，所以一开始也只是从“视觉美”上进行设计构思。由于不同的背景、文化、历史和政治思想的不同，各个国家对景观形式美的塑造不尽相同。例如，日本寺院枯山水利用明显的人工处理手法展现禅宗文化，模拟山石、河流，展现抽象的自然艺术；美国的形式设计主要集中在没有人工痕迹的自然环境里，反映当地人的自由天性；德国的形式设计更加的理性化，反映了他们严谨的逻辑和思辨能力。这些设计只是优美形式设计的附加品，功能性一般。功能主义者只注重作品的功能性，常常是作品最后缺乏情感；而以形式为中心的设计反对功能至上，强调满足视觉美给人带来的精神享受，但忽视了设计的可行性和造价问题。但根据国际景观设计的发展来看，现在所强调的“视觉的宏观，外表的尊贵气派”将被人性化的理念、处处以人为本的思想所取代。在当代，景观设计师们在符合审美价值的前提下习惯用属于自己的设计符号来表达独特的设计思想和理念，力求“功能形式合一”。例如，厦门环岛路景观规划中，采用不对称设计，行道树采用当地特色树种行列种植，根据现状——车行道比绿化带、人行横道宽，使得人与建筑、交通之间的关系加倍合理，既满足了交通功能又满足视觉上的“步移景异”，摆脱了道路设计原有的机械乏味和审美疲劳等不良因素。

二、按体验者的角度分类

体验式景观设计是围绕体验者与景观之间的互动进行的，参与的过程就是真实地处于设计师所预设的景观场景里，按照设计师的设计理念和初衷，逐步渗透到景观所要表达的主题和内涵中去。体验的最终结果不一定是对景观细节的点点记忆，而是整合所体验过的景观片段后的整体感知。

（一）主动体验与被动体验

从体验者的角度分类，可将体验式景观设计分为主动体验和被动体验。主动体验是人们有意或无意去体验，也可以叫作自主性体验。被动体验是人们遭到外界成分掌控下形成的体验，也叫作依赖性体验。例如，人们在闲暇时间非常热衷于“看”与“被看”（这里的“看”是主动体验，“被看”是被动体验），他们希望知道那些是什么人？他们在做什么？是谁在那里？这项研究被记录在美国景观设计师约翰·莱尔的调查记录里，他认为无论是主动的“看”还是被动的“被看”都会获得各自的满足。另外，几乎所有的公园里，设计师将游览路线、内容进行分区和规划，让游人不自觉地按照这个路径进行游览和观赏，这属于一种潜意识状态下的被动体验。但是，体验者可以根据自己的喜好自由地选择停留时间和所进行的活动内容，如在大块绿地露营或者在公园里野餐，这样就会使景观对当下的体验者产生非常奇妙的意义。

（二）行为体验和内心体验

根据不同的方式可将体验分为行为体验和内心体验。人的行为主要分为三类，即自发性行为（吃饭、睡觉、散步、晒太阳）、必要性活动（上班、下班、坐车等）、社会性行为（与人接触、游戏、交谈、来往）。行为体验是指，人们的喜怒哀乐在自己所意识或可控的环境中受到行为环境的影响和制约，人们的喜怒哀乐和所有行为便是行为体验设计的基本条件。内心体验是指体验者处于景观中，通过景观意境的理解和诱导，使自己处于一个相对封闭的自我体验状态中产生情感的共鸣，人除了亲身的体验外，还可以经过联想和考虑来体验这些事情。例如，受禅宗思想影响的日本枯山水，它时刻使体验者处于静态观赏的状态下，通过白沙、石头模拟自然，充满一种令人深思的“意境”体验。设计师在观测和联想游人行径和心绪后，联系本地的人文环境和地理环境，充分发挥人们的感官活动对设计元素的影响，烘托氛围。巴黎雪铁龙公园是一座后现代主义公园，它的一部分是由被损毁的雪铁龙汽车工厂原址重建而来，地表平整。虽然全园没有保留任何一座旧工厂的建筑，但在原有的基础上适当添加金属色彩表现出一些象征的意义，每一个下沉花园都有其独特的意义，其中它的水系设计模拟大自然的水系特点，设计出运河、边缘水道、小瀑布、引水渠、水珠、水滴等不同水景穿插坐落在修剪工整的山毛榉丛间，再加上草坪南侧种植着的丰富植被，伴随着天气、季节的变化，使人们回忆到过去这座工厂工作时的景象。巴黎雪铁龙公园虽然设计简单，但所形成的景观体验却丰富多彩。

三、从景观客体的角度分类

（一）娱乐体验

娱乐体验泛指能使人产生娱乐心理的景观，而不是特指娱乐的行为和场地。娱乐体验旨在从放松身心、愉悦情感的出发点去考察人与景观两个单独实体之间的联系，从而让身处其中的体验者能拥有愉悦的心情，包括兴奋、刺激、冒险、猎奇等。例如，设置一些设施：飞溅的瀑布和可攀爬的岩石、欢乐谷中使人刺激紧张的过山车、在特定的神秘大自然中冒险等。位于加拿大多伦多市市政府旁的灰桥滑板公园是一处集都市庭院、公园和人行道于一体的公共场所。该项目造型美观，运用了独特的艺术雕塑以启发挑战滑板爱好者的想象和体能。这个项目就是将滑板公园拓展到城市景观，同时也将植被景观引入到滑板公园，使整体更加自然（图 1–4）。

图 1–4　灰桥滑板公园

（二）教育体验

教育体验是指在参与中学习，寓教于乐，寓教于游，通过积极参与而从中体悟快乐。体验者间的相互交流和大量的户外运动不仅为了陶冶情操，更加速了大众文化的形成。这使景观及配套设施逐步成为传播科学知识、塑造精神文明的重要场所。例如，深圳的世界之窗中将各个国家的标志性建筑根据不同比例建造得栩栩如生，使游人们充满好奇心并参与其中（图 1–5）。

古罗马斗兽场

荷兰风车

图 1–5　深圳的世界之窗

（三）审美体验

人们对于美的评述纷纷不一，自古以来审美学就是艺术三大主干之一，在体验经济时代的潮流推动下演变出了“审美体验”一词。审美体验是指在特定的美学价值观的引导下，对周围的景观环境进行判断，从而得到对特定地点的景观的直观感受。在中国古典园林中的审美体验主要表现为视觉体验，追求“诗画合一”的境界。审美体验是一个感知过程，力求达到心灵深度的感动，从而产生感受和体悟，《园冶》曾提到的“虽由人作，宛自天开”的理论就是过去人们体验自然之美的真实写照。

四、按体验场景分类

（一）城市公园

传统的城市公园是城市公共绿地的一种类型，不仅供使用者娱乐玩耍、休憩观赏，还具有传播文化等重要作用，是城市中的主要开放空间。但是随着现代人对公园的多样化和舒适性要求，传统公园的设计思路明显有些过时。随着人们闲暇时间的增多，不少国家针对城市公园的设计思想和设计要领有着新的尝试和转变。20 世纪后，许多城市公园在原有的基础上拓展了运动公园（运动场、高尔夫球场、游戏场）、历史公园（北京 CBD 历史公园）、教育公园、中央公园、雕塑公园等。因为人们时间弹性的增加，活动的自发性和灵活性成为城市公园建设的主导因素，实用功能远远超过审美功能成为城市公园的主要因素。例如，奥姆斯特指导并设计的纽约中央公园，它建造在繁华、拥挤、寸土寸金的纽约市中心，被无数人群过客争相追捧，是因为它拥有改善日益恶化的城市环境的作用，与此同时，它还为周围的城市居民提供了一处近在眼前的可以真切感受大自然、放松身心的属于大众的园林。

（二）乡村景观

按照人类部落的分布及聚居状况可将景观分为纯自然景观、城市景观和乡村景观。乡村景观与其他两者既相似又不同，乡村景观的狩猎、采集、田园或者农业等多样的形态是区别城市景观的关键因素。麦克哈格在著作《设计结合自然》中就具体阐述过城市和乡村之间的不同体验。从景观生态学上来看，乡村景观不仅受到乡村自然条件的限制，又感化着人类的经营行为，它是具备社会价值、生态价值和美学价值等的景观设计。从地理学角度来看，乡村景观在景观行为、形态和内涵这三方面是别具一格的景观类型。通常情况下，乡村景观居住密度不大、空置用地不少，具有显著的田园特质。当地人们对现有的自然资源都出于最原始的本能利用。综上所述，可以将乡村景观定义为：以优美的乡村自然景观为背景，农民作为经营的主体，将城市居民作为主要消费目标的一种旅游活动类型。它具有生产生活作用、休闲旅游度假作用、美学价值、景观传承功能以及生态保护等功能。

（三）街头绿地绿化

城市街头绿地是满足公众休闲休憩、保护和修复城市生态环境、供人们亲近自然的地方，大部分建造在距离居民居住的聚集地周围，旨在让人们出门即可感受、亲近大自然，体验到身处大自然的环境。它对城市和城市居民之间的关系起到了维系的作用，构建了人与自然的和谐关系。国外有学者认为，城市绿地除了自然元素和美学要素以外，还包括公共活动区域、游戏场、户外运动设施、散步道和自然景观保护区。它作为城市生态系统的一部分，提供了生态保护、自然体验等功能，完善了城市生态系统的功能组成。城市绿地的环境价值、美学价值、生理和心理价值对于城市居民非常重要。

四、体验式景观设计的特点

（一）体验参与性

一个真正的体验式景观设计，是由设计者、场所和使用者共同完成的。例如，在美国的斯金纳胡公园景观设计中，将人的参与因素作为衡量升级改造的重要指标。为了吸引使用者参与，设计师采用了多种方式（如设置儿童活动区、演唱会区、运动区等），充分调动不同年龄段和文化背景的使用者的兴趣，不同的题材和元素迎合了不同的体验互动需求，使公园的功能更加具有参与性。

旅游学者邹统钎在旅游景区开发方面也提出“参与性”这一概念。他认为设计师就是布景师，他将城市比作舞台，把景观喻为道具，将环境作为布景，让体验者参与并融入所设计的环境之中，游客既是体验的一部分又是体验的主体成分，既是演员又是观众。他认为，没有体验者参与的设计不是真正的体验式设计。如此一来便可以让使用者在活动过程中拥有更美好的体验。社会心理学中的观点认为，亲近环境的行为源于与环境相连的某种价值观，当个体感知到不采取某种行动会威胁这种价值观，且个体认为自己有能力改变现状时，则会感到有义务做出某种亲近环境的行为，即某种价值观导致个体产生亲近环境的某种信念时，进而觉得个人有义务做出某种亲近环境的行为并付诸实践。因此，体验设计中“体验”的意思不是单一方面的单一的结果，而是一种来自设计者与消费者双方体验的综合结果，是以满足用户目标为最终目的的。体验参与是将景观片段整合起来的认知，而不仅仅是对景观的回忆。

体验设计最终是要从身体参与和精神参与上来提高游客的参与性，从而获得丰富的美的感受和丰富的知识，就像身临其境地处在田园中与蜂蝶同舞，如同行走在鲜花草地中一样。因此，体验式景观设计需要在设计时具有一定的暗示性，主要强调景观要素和人们之间的互动，创造能够发生行为的场所。

（二）教育娱乐性

娱乐是人类与生俱来的天性，是一种能够激发人类正能量的活动方式。现如今，都市大众户外休闲娱乐空间愈来愈狭隘，人们的交流往来空间都有一定程度的局限性。在一些景观设计中，需要具有娱乐休闲性质的设施来消耗人类自身多余的能量，所以越来越多的娱乐产业出现在人们的视线，包括音乐会、电影节、嘉年华游乐等。还有户外教育设施的建立，都能够让人们更多地接触自然环境和与人交流，在体验的同时还能学到知识，寓教于乐，寓教于游。例如，德国联邦园艺展览是一个为游客提供具有娱乐趣味的下沉式花园，在这个花园里，人们有了更多的与自然交流的方式，设计师在设计时规划出不同的区域，方便人们以更多的方式和视角与自然交流（图 1-6）。

图 1-6　德国联邦园艺展览

（三）回忆想象性

在景观设计中，有时会通过一些抽象或具象的景观符号的设计，使体验者通过感官接受信息，从而唤醒对过去经历或认知的回忆。体验认知是给人从物境到情境，再到意境，最后产生感悟的三个感情阶段，是认知内在的催化剂，带领并衔接内在认识与外在经历的融通。

首先是物境状态。增加对体验者的感官刺激，增加体验者与周围环境的交流，提升加强产品的感知化能力，体验者的感觉越强烈，这种体验的设计手法越成功，越值得回忆和记忆。

景观强有力地以明显或以潜在意识的方式影响着我们的感官体验，在我们的记忆上留下痕迹。我们参与景观就会引发内在情感。景观激励、平复、愉悦或者帮助我们康复伤痛。人们对某地景观的回忆感知帮助人们定义周围环境，人们对某个地点的情感联系，能够强力地推动这个地点所在社会群体的情感发展。人们对某些地点的情感联系主要体现在人们的参与上，这种参与同时也是对该地点设计水平的反馈。

（四）情景主题性

《园冶》记载“意在笔先”，意思就是说在进行设计之前先要确定主题思想，这是景观设计的主题和核心。主题体现最主要的就是意境的营造。主题设计要体现“虚实相生，情景交融”的意境，它可以使人精神愉悦而获得满足感，达到传达功能的目的，也是景观价值的表现手段。例如，西雅图高速公路公园便通过效仿自然的手法，以闹中取静的“空中绿洲”为设计理念，将田园、乡村、街道和城市景观融合在一起。所以，一个具有情景主题的景观设计的形式和内容更能反映主题的意义和内涵，人们的感觉、智慧和想象力在体验式景观设计中发挥着积极的作用。从体验者的角度安排塑造景观主题场景，设定不同的体验环节为游人创造更多的体验经历，使游人丰富景观体验。在设计中，可以利用时间、空间、文化演变等不同的情景关系作为景观序列，从物境、情境和意境三方面提高游人的感官娱乐体验。

（五）空间体验性

人们可以在空间内活动，如果只有空间而没有人类的活动就像一盆没有鱼的水一样显得空洞乏味，是毫无实际意义的。在中国古典园林中人们就已经会利用“跌水、置石”来营造富庶的景观空间序列，这种景观空间序列被称作多空间、多视点和连续性变化的山水画长卷。空间序列组织是关系到整个设计的整体结构和布局的全局性问题。同样，利用植物的围合也可以营造出不同用途的空间。开阔的空间给人以心情敞亮、舒适大气之感，趣味性十足的小空间可以使人们放松身心、进行私密交流。当我们从场所和人居环境的层面来理解景观便是“我们集体生存的背景”，也就是说，景观并非只是一种令人赏心悦目的场景，而是一种我们存在的空间，它是以一种“知觉体验”的形式存在，强调主观性和意向性。人类对空间本身就带有强烈的探索性和兴奋感。在厦门的设计师园中，利用竹林围合的植物墙所设计而成的甘蔗园，设计师利用院子所营造的不同空间把这里寓为“感受的厅堂”，体现了“巧于因借，精在体宜”的指导思想。甘蔗园的中间是一块螺旋状的中心广场，设计师结合下沉广场和周围的甘蔗所围合成的半围合空间打造出一种使游客一开始进入甘蔗园就充满探索精神的场地，为游人再现了小时候在天地田野间无忧无虑的童年快乐。

第三节　体验式景观设计中的影响因素与设计原则

一、体验式景观设计中的影响因素分析

（一）人的行为要素

人和环境之间具有作用与反作用性。人的行为要素是影响景观设计的一个重要因素，人们需要在脱离工作学习之外寻找到舒适、安慰、放松、缓解压力的景观环境。人们行为目的在心理学上大多是为了达到目标、满足需要，而周围的环境也会影响到人的直接行为，或推动或阻碍，所以人的行为受到环境和人自身的双重影响。人类的本能行为产生于人类与环境的相互作用和长期生产活动上，体验式景观设计中需要充分考虑人类的本能行为，主要应被考虑的因素包括：

1. 抄近路

两点之间，直线最短，有时人们为快速到达目的地，便选择较近的路线。所以经常会看到一块完整的绿地中间被人为地踩出一条土路。这在体验式景观设计中就要考虑到路线的便捷性、路线长度、间隔等问题。

2. 识途性

当人们来到一个陌生环境，体验过后总是选择原路返回，这是人的自我保护意识决定的。这就要求景观设计师在安排路线的时候尽量不要设计奇数路线，以免人们多走弯路或无法返回原地，而对景观产生负面情绪。

3. 惯性右侧通行

右侧通行是在中国人们长期形成的行为习惯，当遇到分岔路口的时候，大多数的人会选择右侧通行，在景观设计中就要求设计师要考虑到重点景观带的分布和导向、指示的问题。

4. 从众效应

在以往的游览中经常会发现人流的方向就变成游览或参观的顺序。后面的人会不自觉地跟着前面人群的行走路线来观赏。甚至当一部分人驻足观赏的时候，由于人类本身的好奇心驱使，就会聚集越来越多人的停留。根据这个行为习惯，在景观设计中就要考虑到景观所承担的人流压力以及疏散引导等问题。

5. 人与人之间的安全距离界限

当外界的人或物超过了安全距离界限，人就会感觉不舒适，产生防备心理。所以经常会看到公交车或餐厅中设置的两个人的座椅，当有一个人坐了之后，其他人就会倾向于选择其他座位来保持距离。所以，景观设计师在对公共设施的设计上也应注意，将人与人之间的安全交流距离考虑进去。

（二）地域文化要素

景观不是独立的个体，而要与周围环境、建筑设施和谐地融为一体，这就不得不考虑地域文化因素。地域性景观是某一地域范围内，人类的活动、人文景观及自然景观所表现出的地域特征。同时地域文化像一面镜子一样折射出当地的自然和人文，这也在一定程度上影响着景观设计。所以，景观设计师只有利用当地的特色和优势作为设计的出发点，才能设计出新颖独特、符合当地审美的持久的景观。

地域文化具有区域性和人文性。一方面，随着人们追求新奇、刺激、追求自然的想法越来越迫切，设计师们也逐渐将设计的中心思想转变为在生态的设计方法上传达一种不着人工痕迹，却处处有互动、有体验的景观。另一方面，地域性的人文特征通常是指我们被当地的人文社会所感染，如湖南的凤凰古城之所以令人心向往之，很大程度上也是因为凤凰古城完整地呈现出当地人的生活场景，让步入其中的人可以了解一个少数民族的独特风貌。人们慕名而来不仅是因为当地的居民，还有风土人情、文字、图腾等。类似的还有丽江、张家界。这样一个好的体验式景观设计既符合了大众需要，也与社会人文环境保持整体的协调，同样使人的精神层次整合化一。

（三）空间要素

空间的设计会给游人带来与众不同的视觉效果和空间体验，其目的是让空间和参与者的体验产生共鸣，这对游人的感官和活动具有一定的影响。一般来说，平面图上的空间可分为道路和休憩、活动场地。道路为线型空间，代表“动”，也就是流动空间；草场、广场等面型空间代表“静”，也叫停滞空间。在自然的地形条件下稍加围合和修饰，加入围合的复杂性和多样性，使其更具生命力，并能吸引游人以观赏者的角度组织富于变化的空间序列。空间的围合分为开放和封闭两种，不同的尺度形成不同的围合感和视觉效果。设计不仅是为人们创造空间场所，适应其工作、生活和休闲的需求，也需要我们将一些新的体验和生活模式传达给别人。

（四）植物配置要素

植物是构成园林景观的主要要素之一，植物可以调节小气候、为人们改善空气质量。园林植被在空间、时段和色彩等方面的配置对景观的营建有十分重要的意义。多样的植物配置既可以从视觉上吸引游人，又可以促使人们选择不同的游览路线，从而产生更多的趣味性，与此同时，植物围合的空间也是人们驻足停留、赏景和观鸟的好去处。所以，设计师在注重景观植物配置的美学价值和生态价值前，应充分考虑其自然特性，从而形成更具有趣味性的体验场所。最后根据适地适树原则将树木栽植到适宜生长的地方，在充分调查当地的气候、土壤、地形、坡向、光照等条件的前提下，考虑植物的多样性，空间特性以及物种之间的关系，只有选择合适的树种的前提下，才能保证其生态稳定性。

二、体验式景观设计的设计原则

（一）生态可持续性原则

城市景观在设计时要充分考虑的各方面因素，除了美观、社会功能、人的参与性、任何自然的有效沟通之外，还需要考虑生态可持续发展。例如，在澳大利亚的蜥蜴原木公园中，设计中的沙地及游乐设施不但吸引了儿童的注意力，也为成年人提供了休憩、放松的场所（图 1–7）。

图 1–7　澳大利亚的蜥蜴原木公园

在这个设计中，利用沙土、砖、鹅卵石等自然材料，把可持续理念贯穿在新的设施中，可以让人们联想到大自然的土壤，感受来自自然界的力量，这些天然材料同样也对人们的心理和健康产生良好的刺激效果。通过强有力的可持续措施指导场地的设计，对周围乡村自然景观也有非常好的帮助。例如，公园或村庄内的部分电能由太阳能电池板提供，洗手间冲水采用高压水，所有的废水经过处理后都用于植物灌溉，同时在施工时采用环保材料，这些都是绿色环保的理念。体验式景观设计还可以改善城市环境、调节小空间气候、丰富城市休闲生活。

（二）功能多样性原则

体验式景观设计具有多种功能和价值，如资源功能、环境功能、生态功能、经济功能、旅游休闲功能、文化功能和教育科研功能等。在体验式景观设计中，除了利用自身生态特性外，还要注重美学研究、人类的互动参与性研究、娱乐教育性研究和旅游价值的挖掘。

（三）达到感知认同

人类的感知能力包括个体感知认同和环境感知认同。人不可能脱离环境而独立抽象地存在，人类的生活和周遭的环境是密不可分的，例如，法国艺术家 Gaëlle Villedary（盖尔·维尔达里）的乡村“红地毯”设计，位于一个村庄的正中心，是为纪念“艺术与自然之路”十周年而建，模拟一位艺术家走过的路，沿路铺设的“地毯”。它贯穿整个村庄，并与两边的自然区域相连（图 1–8）。通过这种景观建立起的和周围环境的认同感使人们回顾过往、展望未来。这条小路出乎意料地在石头、油柏路、水泥路之间出现，身处村庄中，连接艺术、自然与居民。人们不自觉地追随小路，行走着，感受未知区域的场景，甚至赤脚体验脚下绿地的欢乐。

图 1–8　法国 Gaëlle Villedary“红地毯”

第四节　体验式景观设计的内容

一、感官体验

感官体验是大脑本能的对外界环境产生的反应，是对表象信息组织、回忆并最终形成整体认识的过程。人们的感官体验依赖于直接作用于感官的那些环境刺激物。景观设计师在以提供丰富多样的互动和体验的前提下进行了如下探索：营造多种多样的环境特色元素，集中突出某一类环境特色的元素；提供多种感官上的刺激，包括听觉、视觉、触觉、味觉、嗅觉刺激等，许多实验表明五官感受在很多方面都是相互联系着的。我们可以从以往的生活经验中总结到，一个舒服的环境就是温暖的春风拂面而过，听到风吹树叶沙沙作响，还有远处喷泉的水流声，看到孩子们嬉戏、打闹、玩的欢乐，情侣们三三两两、慢慢悠悠地穿过林荫小道，也许可以闻到空气中飘散的桂花、梅花或者玫瑰的香味，感觉到磨光的大理石和鹅卵石铺地给脚下带来的不同体验，这样的一个整体所营造出来的气氛便是挑动所有感官后所体现出来的最完美状态。

（一）听觉

健康的人很少会摒弃其他感官使听觉单独存在于生活中，人们往往忽视了声音。人们从自然的声音中无限想象，这是设计师们常有的出发点。人类对外界的认识还可以从声音入手，有调查显示，29% 的人喜欢听到自然界中的声音，如鸟鸣声、瀑布声、风吹树叶沙沙作响等，18% 的人喜欢听人工制造的美妙的声音，如乐器、音乐、节奏等，15% 的人喜欢听到人们生活中的声音，如交谈声、走路时脚底摩擦地面声、与物体碰撞时的声音等①。当前，虽然不少设计师开始重视声音在景观设计中的运用，但是还仅停留在对声音要素的初级探索程度，而景观设计的最终方针是营建一个整体环境，在听觉设计方面强调声音、听者和空间环境三者有机结合。在进行设计之前，需要对周边存在的声音环境进行分析调查，如人为制造的声音、自然界的声音或生活中的声音等，然后为了设计出更加丰富和谐的听觉体验，需要加强对某些声音体验的设计，使人们可以沉浸在设计中的小鸟鸣叫、树叶沙沙作响声或潺潺流水声中。另外，设计中的空间环境设计也是在听觉上产生不一样的体验的方式之一，如热闹空间创造出来的吵闹环境、安静空间使人悠闲惬意具有私密性。在体验式景观设计中，设计师务必要设计出能唤醒人类主动积极性、自然而然地感受环境中固有的声音。例如，在古典园林中苏州拙政园的“留听阁”，就是在下雨时听雨打芭蕉的声音；扬州个园的“风音洞”，就是在墙上凿开一个个的圆洞，再利用自然风吹入这些圆洞后发出呼呼作响的声音，效法冬天的北风呼啸，还有利用听松、听竹、听枫、听石等设计手法来诠释声音在景观中的作用，同时这也是对自然中水声、风声和雨声的妙用。

（二）触觉

设计师帕拉斯玛认为“触摸则更显得亲切、和睦和私密的感觉”②。在景观设计中，设计师们往往通过不同的材料质地给人带来不同的触觉体验。亲自处于环境之中，感受夏季石头上光影斑驳，清晨植被产生大量水蒸气给人带来潮湿感

① 王静．声境在园林中的应用研究——以重庆市主城区园林绿地为例 [D]．西南大学，2009.6.

② 冯雪婷．体验寄畅园——江南园林之建筑现象学方法初探 [D]. 中央美术学院，2010.5.

受，冬季漫天大雪中的寒冷，等等，这些真实的触觉体验是照片等视觉媒体无法做到的。在体验式景观设计中，触觉体验的设计往往需要通过肢体接触、脚下传来的感受、指尖的碰触和皮肤等不同部位带来。例如，恭王府某些地段铺设的坚硬的大理条石、碎石铺地、鹅卵石、砂石小径或者是柔软的草地，走在不同的材质上面从脚下传来的感觉又不一样，趣味性十足，有时又能通过崎岖不平的触感想象这与山林野趣间的联系；在苏州狮子林攀爬享受乐趣的同时，通过指尖对崎岖怪石的触摸，感受历史的沧桑变迁，指尖的碰触强化了景观带给人们的真实感。

人与生俱来的亲水性也是触觉体验设计中必不可少的考虑因素，所以效仿自然界中的水声，如瀑布、跌水、江河、溪流等极受人青睐，尤其是青少年。

（三）味觉和嗅觉

研究表明，嗅觉和味觉是相关的。例如成语“闻香识味”，虽然嗅觉的灵敏程度远远超出味觉，但一旦失去味觉嗅觉便会荡然无存，尝不出味道。提起景观设计中的嗅觉体验，首先会想到植物，虽然嗅觉在景观设计中的作用远不如其他几种感知，但植物散发的独特气味，是其他景观要素没有的特质，它使人与周围的环境融为一体，嗅觉的体验自古便存在于园林设计中。在体验式景观设计中，味觉与嗅觉的体验多利用花木的香味，如桂花、腊梅、丁香、茉莉、栀子等，不同的植物配置不但可以表达四时不同之景，文人志士的高雅情操，更重要的是花木能够非常好地增强人们的嗅觉体验，促使人和环境有机地融为一体。气味的强化有时会使嗅觉体验成为景观的主体。例如，鲜花盛开的时候，会唤醒人们的记忆功能，仿佛告诉我们春天来了，这种嗅觉体验带给我们的独特芳香。除了植物的芳香，还有下雨后湿润的土壤、切割后的草坪、湿润石头散发的清香味道，这些都很独特。有的甚至还会带来不同的回忆，比如大海的潮湿咸咸的味道、雨后泥土散发的清香、深山里孤独苍凉的味道、秋天果实成熟丰收的味道，这些不同的味道都会引起体验者不同的心理变化。在体验式景观设计中，味觉的设计意在强调“品尝”，比如在草莓园采摘草莓，边游边赏边采边吃，随时可以唤醒对事物的味道。

（四）视觉

视觉是人类情感表达的重要途径，很多设计师习惯用强烈的视觉冲击来营造人们的感官体验。因为人的视觉感知系统收集信息是针对整体感觉来考量的，对元素的单一特性并不敏感。丹麦著名建筑师、建筑评论家尤哈尼帕拉斯马认为，眼睛可以接触和感知外在世界。在景观设计中，色彩的运用搭配一些特定景观小品的造型可以让人们对景观的认知程度更加熟悉，对人类的审美要求产生积极的影响。①

现代的体验式景观设计在视觉体验方面力求做到情景交融的视觉意向，这就可以借鉴中国古典园林中的视觉设计手法。中国古典园林设计中主要是“看”与“被看”的视觉设计思想作为主导。设计中通过借景创造视觉障碍，从而达到共鸣，领略自然。中国古典园林从布局角度上看不像宫殿、寺院那样一正两厢，也不同于西方园林轴线几何对称，乍看布局凌乱、偶然，几乎没有任何规律可循，但中国古典园林的设计精髓就在于那种不着痕迹的视觉联系。例如，亭、台、楼、榭、曲折的桥、高低不一的廊，在人参观的过程中，使人在有限的空间内不停地转换视角来满足意境的需要。例如，苏州拙政园的“扇面亭”被十分巧妙地置于视觉制约关系的焦点中。从被看的角度来说，从中部经别有洞天来到西部首先映入眼帘的就是扇面亭，此时它被观赏者当作对景的对象，起到了点睛的作用。从看的方面讲，扇面亭的位置选择在正面临水，其他三面通过门洞、窗口也都有景可看。

二、设计手段

人们对世界的认知是从外界对感觉器官产生刺激开始的。当人们的身体出现某种机能退化时，自身的各种感觉能力也会逐渐下降，人们大脑里处理的各种信息，80% 来源于视觉信息。对于视觉障碍患者，他们可以接收并处理的信息只有 20% 左右，从设计者的角度出发，颜色和图形不可能对视觉障碍患者产生特别的体验，不可能获得令人满意的刺激效果，因此在某种程度上来说，这项设计会是

① 田中直子．无障碍环境设计——刺激五感的设计方法 [M]．北京：中国建筑工业出版社，2013.4.

非常失败的。所以，在体验式景观设计中，需要设计者考虑到如何采取特别的设计手段，使所有游客体验到真实的设计意图。通过阅读大量的文献得知，在景观设计中，要想创造快乐的生活环境，就需要建设足够的公共活动空间。设计师们要从使用者的角度考虑进行设计，并参照人们眼睛、四肢等人体接触的尺度进行设计，不仅要关注外观，还要考虑到使用时的触感，或者使用材料所散发出来的味道，通过设计师这样有目的地寻找设计，期望能对感官产生良好的作用。在具体的设计中，设计师们需要认真考虑采用何种方式才能对人们的感官产生良好的作用，采用这样的方法加大了设计的难度，只有在设计中坚持不断地创新思路，改进常规的设计方式，才有可能设计出令人感到震撼的作品。

（一）轻微刺激

1. 地面材料

设计师在进行设计时可以选用木材、砖、石材、金属或新颖的材质，而且设计师需要预测到不同的地面材料对人们脚下的触觉所产生的不同刺激效果。当人们脚下的地面变得粗糙的时候，人们走路的心情也会相应产生变化。现代都市里的人们对各种表面光滑的新型建筑材料习以为常，很少能感觉到地面材料所发生的变化。当脚下感觉到其他材料的变化时配合其他感官的体验也可以达到一种新的设计目的。例如，德国北部的福尔格桑中心，通过走廊或广场地面材质的变化配合建筑独特的设计形式产生回声，使到访的游客有除视觉以外的独特体验。

2. 照明与光线设计

科灵城博物馆在照明方面的设计为我们提供了非常清晰的思路。它利用灯光将博物馆空间内部设计成既有阳光直射所形成的明暗分明的开阔空间，又有安装着树枝型吊灯发出昏暗灯光的幽暗空间，这些不同的空间使行走在其中的人们如同在一个光影变幻的奇妙世界里观看不断更替的演出剧目，心情也变得轻松愉悦。走廊中的灯光只为两侧的墙面提供了间接的照明，凹洞显得十分幽暗。但是当开启凹洞内的照明灯后，则凸显陈设在小展厅内展出物的独特魅力。当人们透过凹洞看到外面庭院的风景时，不由得会赞叹设计师的巧夺天工。

（二）感受自然环境

在体验式景观设计中要激发触觉、视觉、听觉、味觉等日常生活中很少受到刺激的感官体验。人们向往着不同于日常生活的自然环境，希望能够直接感受到来自大自然的刺激，从而使自己的内心感到震撼。例如，在麦田地里设置人行步道，人们走在其中可以直接感受到不同于城市里坚硬道路的柔软的土壤。另外，很多设计都是针对成人的，在尺度上也会忽略儿童或者残疾者对体验自然环境的需求，所以蜿蜒的小路、精美的雕塑、芳香的花草以及可以随手触摸的植物和矮墙，都为这些平时设计中忽略的人群创造机会。

（三）便于人们理解

1. 确认方位的设计

在德国的福尔格桑中心里，有一项设计是利用脚底材料的变化和回声来帮助人们确认自己究竟在什么位置。设计者会采用特别的设计方式以确保那些第一次来参观的游客可以不通过地图就能确定自己的位置。例如，在走廊的拐角处放置鸟笼，小鸟不断发出“叽叽喳喳”的声音，以告诉游客这里是走廊拐弯处。另一种确定位置的设计方法就是采用光线设计。采用光线明暗对比的手法分割空间，既可以将光线打在需要强调的设计部分上，又成为一种非常独特的设计手法。例如，在一些建筑设计中，会将光线打在安装在墙壁上的房门，这样房门在光线的照应下格外醒目，也便于人们确认房间的位置，将房门对面的墙上开设和房门大小一样的窗户，阳光透过窗户直接映照在房门以及周围的墙壁上，形成非常鲜明的对比。

2. 色彩的设计

位于哥本哈根城市中心西部的“哥本哈根商务高等学校”是丹麦一所著名的学校。该校于 1991 年建成竣工，是由建筑师赫宁拉森先生主持设计的。哥本哈根商务高等学校的原址是工厂，学校是在原工厂的基础上开发建造起来的，是历史上著名的改建工程。改建后的学校已经和其周围的集体住宅小区形成一体的人文环境，特别是几何造型的校园建筑和两栋马蹄造型集体住宅遥相对应，构成了独特的空间环境。校园建筑和集体住宅围成的中央广场，成为居住在附近集体住宅中的居民和学校的学生公用休闲场所。所有到访此处的客人无不感叹这种开放而又紧凑的空间布局。在注重都市景观整体效果的欧洲，人们经常可以看到这种将具有居住功能的集体住宅和具有教育功能的学校，两种完全不同功能的建筑群融合一体的设计手法。为了便于人们理解商务高等学校的内部建筑布局，建筑师在设计时尽可能地采用简单规则的几何造型，最后在色彩的考虑方面，整座建筑外观采用白色调，而左右两侧的内部区域分别采用蓝色和粉红色为主的色调。由于建筑整体选用浅色的色彩基调，因而非常符合学校的特点，在此基础上只要对色彩稍加改变，就可以构成新的美妙的内部空间。

（四）保留建筑物原有的历史价值

我们从以往的设计中或资料里了解到，在新的场地设计时应因地制宜，尽量少破坏或改变现场环境，对现有的建筑物如有保留的意愿，则尽可能地选用和原建筑一样或者相近的建筑材料。在科灵城博物馆，就可以看到保存下来的砖砌墙壁、楼梯、窗户，当人们用手触摸这些古老的建筑遗存时，会从心理上和身体上感到和历史是如此接近，仿佛在和古人进行交流一样。例如，科灵城博物馆原先的外墙墙壁采用了橡木材料的装饰，岁月的沧桑使橡木装饰的墙壁已经受到大面积的损坏，目前只是进行了部分修复，而且很多修复的部位采用了新型的装饰材料。经过返修的砖砌结构外墙，做到了和周围环境的有机融合。

第二章　乡村景观的特征与形式

乡村景观与人们的生产、生活有着密切关系。人类为了满足自身生产生活的需要，对乡村进行完善与改造，使不同地区的乡村景观有不同的特征，且地点不同，乡村景观的形式也不同。下面就对这两大层面进行分析与探讨。

第一节　乡村景观的地域特征

中国乡村景观虽然从共性的角度存在着许多相同的景观特点，但由于乡村所处的区域位置不同，所受自然条件、地方文化、风土环境等因素的影响各异，因而在景观上表现出各自不同的地方风格，这里对带有标志性特征的乡村景观特点做概括和比较。

一、华东地区

这里所说的华东地区主要包括江浙一带以及安徽、福建、江西等地。

江浙一带的村落，特别是一些历史悠久的文化村落，如浙江永嘉县的苍坡村、豫章村等，不仅村落选址很有讲究，而且村落布局富有文化创意。不仅自然景观优美，而且人文景点丰富。进村口的地方或有寨墙、寨门，或有歇荫树、歇脚亭等，还有各种标志性地物与建筑，如文笔峰、文笔塔等。

江苏一带水道纵横，故村落具有典型的“江南水乡”特色。聚落空间多随河流两侧排列，其形态以带状最为常见。河流自由曲折，变化万千，小桥凌驾其上，临水而建的民宅和水巷穿梭的小舟，成为这一带村落典型的景观特点，如图2-1所示。

图 2–1　江苏同里村落的“水乡”景观特点

安徽古村落富含有景观特色和文化意象的地区多集中在皖南徽州地区。这里村落建构表现出明晰的园林特色。皖南古村落中至今仍可见到的宗祠、牌坊、玉带桥、魁星楼、行道树、书院、民居等，成为建构皖南古村落景观的重要组成要素。皖南徽州是徽商最多的地方，他们在外经商致富，回到家乡后不仅修造自己的宅园，还出资赞助公益事业，其中就包括修造公共园林。因此，徽州下属各县农村，凡是比较富裕的一般都有建置在村内的公共园林。最为常见的村落园林称为“水口园林”，成为村口重要的标志性景观。

“水口”相当于堂局通往外界的隘口，一般在两山夹峙、河流左环右绕之处，也是村落的主要出入口，此处也正是人（村落）与自然（山林）有机结合的最佳位置。在此兴建的园林叫作水口园林。水口园林以变化丰富的水口地带的自然山水为基础，因地制宜，巧于因借，适当构景，在原有山水的基础上，点缀凉亭水榭，广植乔木，使山水、田野、村舍有机融于一体。至今尚存或尚可寻踪的水口园林有“檀干园”“十二楼”“果园”“竹山书院”“半舫圃”等处。其中，唐模村的檀干园是现存较完整的一例，如图 2–2 所示。

图 2–2　唐模村檀干园

二、华南地区

这里所言的华南地区主要指广东、广西两省（自治区）。

广东古村落的最大特点是村口有一棵大榕树，树后有个守村口的小土地庙。通常还在榕树旁边建有宗祠、戏台和广场，村内挖有水池一个。民居周围种有芭蕉和小水竹。榕、竹对于村民，前者绿荫可供纳凉闲坐，后者可供编造日用器物之用。另外，它们还是一种精神形象异常丰富的植物，大榕树以其枝叶、根系的繁盛，被客民视为是“多子多福”的风水树。因此，每个村口都种有这种象征吉祥的树，如图 2-3 所示。丛丛翠竹，则表达出当地人对“竹报喜讯”“竹报平安”的期盼，从而使大榕树和竹成为广东大部分村落的景观标志。

图 2-3　肇庆武垄镇武垄村村口古榕树

广东部分侨乡地区的村落景观则表现出明显的安全防御意象，各种西式风格的碉楼成为最醒目的景观建筑，这些村落的入口处也常常植有大榕树，村内还种有水竹、芭蕉等，其整体环境表现出亚热带村落的景观特点。

广西的古村落因民族构成的不同分为几种情形。但就广西的多数村落来讲，跟广东一样，大榕树是它们的重要标志。许多村落的大榕树达两三百年的年龄，直径达数十米，成为人们歇凉、赶集和公共活动的重要场所。

在广西少数民族村落中，大抵以侗族村寨中的风雨桥和鼓楼最为引人注目。风雨桥是长廊式木桥，因桥上建有廊、亭，桥栏边有长椅，既可行人，又可坐卧小憩，还可避风雨遮日晒，故因此得名。大型风雨桥多以大青石砌桥墩，桥墩上建亭阁。亭阁多为五重檐、四角或六角攒尖式或宫殿形，集使用价值和艺术价值于一身。最具代表的要数广西三江程阳风雨桥，为我国古代四大名桥之一，是国家级重点文物保护单位。

鼓楼是侗族独特的楼宇建筑形式，是侗族村寨中最高大的建筑物，是侗寨的标志，也是侗族文化的象征。鼓楼一般以村寨或家族为单位建造。作为各个村寨的公共活动中心，鼓楼具有政治、经济、军事、文化及交往等多种社会功能。鼓楼下端呈方形，四周置有长凳，中间有一大火塘；楼门前为全寨逢年过节的娱乐场地。每当夏日炎炎，男女老少至此乘凉，寒冬腊月来这里围火，唱歌弹琵琶、讲故事。侗族人民每建一个新的村寨，首先要建造高大雄伟的鼓楼，之后以它为中心，在周围盖吊脚楼。进入侗乡，举目远眺侗寨，吊脚楼群之中，鼓楼挺拔耸立，巍峨壮观，如图 2–4 所示。

图 2–4 广西三江侗族自治县程阳八寨鼓楼

三、西南地区

这里的西南地区主要指云南省。

云南西南部气候湿热，建筑形式与布局均以散热、防潮为主要目的。傣族村落中心多建有缅寺，寺塔高高的尖顶有升腾凌空之感。建筑采用独特干阑式竹楼，四面敞开，以便于通风。特别是坡度较大的以芭蕉叶覆盖的陡坡屋顶，不仅利于雨水排泄，更重要的是创造出一种轻盈、通透与秀丽的景观效果，如图 2–5 所示。整个村落的空间形象清晰而富有个性。

图 2-5 云南西双版纳傣族干阑式竹楼

四、华中地区

这里主要介绍湘西、湘南村落的印象。

湘西地区多山地，自然景观优美，为传统文化村落的形成创造了良好的环境条件。由于地处偏隅，各种古村落基本保持了原貌。湘西古村落大致分为两类，一类是山地村落，另一类是河谷村落。山地村落的特点是地形较陡，建筑物沿山坡依次往上排列，构成错落有致的村落景观。道路多是石板的，各种形式的马头墙构成独特的外轮廓线变化。因此，石板路、马头墙和随地形起伏的古朴民居，成为湘西山地村落的基本意象。湘西一带的河谷村落，多是背山面水的，村落形态多呈沿河分布的带状，村内小河谷常有小石拱桥架于其上，甚至临河还有吊脚楼建筑。由于湘西村落在整体上位处山区，故由村落组成的近景与由四周的群山组成的高耸如屏的远景叠合在一起，组成一幅绝妙的山水画。

湖南传统村落空间，可大致由以下几个因素构成：

（一）核心建筑

核心建筑在村镇几何中心和大众心理场中心的形成中起着重要作用。常见的核心建筑有祠堂、祖屋、鼓楼、宝塔、戏台、议事堂、清真寺等。

祠堂是中国古代乡土社会的核心建筑之一。村镇空间的布局大都以祠堂为中心向四周辐散。由于受地形等条件的影响，这种由中心向四周的扩展往往不是均质和等半径的，这就导致村镇空间布局在几何上的不规则状，如衡阳县渣江镇的曾氏族居地，透过村口的大樟树树丛，庄严的大宗祠映入眼帘，各种民居也以宗祠为中心呈有序排列。

在湖南许多历史久远的村落都有它建筑较早的“大屋”（或称“祖屋”），是村落建筑的主体。湖南宁远县九嶷山附近的黄家大屋，就是该村具有标志特征的核心建筑，如图 2-6 所示。

图 2-6　湖南宁远县九嶷山黄家大屋

此外，湖南的许多村镇还建有楼塔、戏台、议事堂等类似的核心建筑；在回族居住的桃源、龙山、永顺、桑植、凤凰等县城，可不时看到清真寺；在侗族居住区则以鼓楼作为村寨的核心建筑。

（二）核心场所

构成湖南传统村镇精神空间的主体要素，除了上述的核心建筑之外，还有一种是核心场所，如广场、墟场、井台、池塘、晒场、大树等类似场所，常常成为村民生活空间的重心。

湖南大部分村镇的入口或村内，都习惯保留一株或数株大树，成为村镇的重要标志。村内大树常常担负着两种职能：一种职能是供人们避日歇凉、挡风遮雨，另一种职能是供人们谈天说地、聚会议事。湘西苗族村寨，自古有崇拜自然物的传统，他们把枫树视为万物之源，加以崇拜和保护，他们习惯于选择有高大枫树的地方建寨，并在树下设立祭坛，从而形成村民公共活动的中心。由于受地带因素的影响，湖南各地村镇中最常见的古树是樟树，许多古老的樟树都伴随着不少传奇的故事。大批的村庄地名均与樟树“沾亲带故”，足见樟树在湖南古村落景观中的作用和地位。樟树与它周围的石桌、石凳及小土地庙等一起成为村民生活空间的中心，也成为湖南古村落重要的景观标志。

许多村镇的核心场所是由池塘构成，凤凰县马鞍山村及乾州胡家塘村等地，村落建筑都以池塘为中心呈现组团布局。马鞍山村在池塘附近保留着硕大的古槐，成为人们歇息聚会之地，也成为人们心目中吉祥的象征。

类似的核心场所还有戏台广场、庙前广场、宗祠广场、井台、墟场、晒场等公共活动频繁的场地，也往往是人们难以忘怀的生活空间所在。

五、华北地区

整个黄河冲积的华北平原，有相似的土壤结构与气候条件，造成了相似的种植结构。传统村庄聚落也多是聚族而居的，诸如张家庄、李家庄、侯家堡等村落名称至今沿用。聚落形态比较紧凑，多呈团块状，多数村落北面因无山依峙，故常种有一片防护林，用以抵挡冬季寒冷的偏北风。房屋低矮，道路笔直，高大挺拔的白杨树与厚实平稳的民居组合在一起，构成华北平原上独具风格的村庄聚落景观。

接近太行山区的华北村落（如井陉、平山等地），聚落多建在依山面水的地方，周围林木环护，前方视野开阔，村口多种有一株或数株大树。

晋中盆地的古村落，聚族而居的传统自古浓厚，各村落不仅组团紧凑，而且许多还用大堤围了起来。这里的村落景观特点是：村落被大堤包围，进村口常设大树做标志，村内分布着各式庙宇（如土地庙、龙王庙、关帝庙、观音庙等）。

六、西北地区

陕西、甘肃、山西等地的黄土高原地区，常年干旱少雨，森林资源短缺，但土质优良，为这一带窑洞村落的形成创造了良好条件。窑洞建筑既充分利用了自然地形，又节约了土地，而且冬暖夏凉，是人类根据所处环境长期适应自然、选择自然的结果。通常情况下，整个村庄都建在壁崖上，或建在地底下，村落融于大自然之中，仿佛已成为大自然的一部分，但并不破坏生态平衡。

靠崖式窑洞中尤以冲沟式窑洞为多。冲沟式窑洞村落一般沿着冲沟的河岸呈线形向纵深展开。在某些大的冲沟中，村落沿等高线分布布置院落，如巩义市的康店。从村落空间上分析，村民的交往场所主要是连接各院落的线形道路空间，户与户之间联系较方便。就靠崖式窑洞村落的景观特点来说，多点布在避风向阳的山壁上，随山势起伏而层层叠叠，不仅远近层次分明，而且充满转折、错落等变化，有韵律和节奏感，如图 2–7 所示。

图 2–7　冲沟村落

下沉式窑洞是指潜掩于地下的窑洞村落。这种以下沉式四合院组成的村落，不受地形限制，只需保持户与户之间相隔一定的距离，就可成排、成行或呈散点式布置。这种村落的景观特点是在地上看不到房舍，走进村庄，方能看到家家户户掩于地下。其空间感也十分强烈，院落内不仅设有照壁，而且种植果木花卉，加之还用砖石等材料装饰窑洞洞口，从而使小环境变得幽静宜人，如图 2–8 所示。

除此之外，河南洛阳邙山区的冢头村、三门峡市宜村乡、灵宝市的西章村等都属于下沉式村落形式。

图 2–8　陕北下沉式窑洞

第二节　乡村景观的共性特征

虽然不同的地域有着不同的乡村景观，但是也不得不说，这些乡村景观也具有一定的共性特征，具体表现为山水化、生态化与宗族化。

一、山水化

中国传统哲学讲究“天人合一”的整体有机思想，把人看作大自然的一部分，因此人类居住的环境就特别注重因借自然山水。人—村庄—环境之间构成一个有机整体。中国村庄从选址、布局、建设都强调与自然山水融为一体，因而表现出明显的山水风光特色，如图 2–9 所示。

图 2–9　村庄设计中的山水意境

例如，徽州古村落依山造屋，傍水结村，形成自然山水与人文院落的完美融合。无论是远眺还是近观，各村庄都宛如一幅灵动的山水画，村处山水中，人在图画里，极富自然山水的意境美。可以说山水有了村庄而富有灵气，村庄有了山水而富有秀气。正是有了这种辉映，才造就了徽州村落的山水特征。

二、生态化

中国古代村庄在注重选择优美山水环境的同时，也注重良好生态环境的选择。村庄的生态特征除了有较好的树木植被外，还与村落地形、土壤、水文、朝向等因素有关。中国古村落绝大多数都具有枕山、面水、坐北朝南、植被茂盛等特点，有着显著的生态学价值。枕山，既可抵挡冬季北来的寒风，又可避免洪涝之灾，还能借助地势作用获得开阔的视野；面水，既有利于生产、生活、灌溉，甚至行船，又可迎纳夏日掠过水面的爽爽凉风，调节村落小气候；坐北朝南，既有利于村落民居获得良好的日照，又有利于南坡作物的生长；植被茂盛，既有利于涵养水源、保持水土，又有利于调节小气候和丰富村庄景观，还能为村民生活提供必要的薪柴。总之，中国绝大多数古村落都表现出鲜明的生态特征。

例如，云南西双版纳一带的傣族生态村庄，多处于丘陵地带，山上有茂密的原始森林，充足的雨量使山谷之间形成肥沃的冲积平原。傣族村庄多选择在依山傍水的坝子里，顺坡地、沿等高线排列，主干道从山脚一直通到山顶，最后以缅寺作为结束，充分体现了村庄布局的生态意识。

云南哈尼族村庄在利用土地资源时，充分考虑了自然条件和地理条件，将山体分为三段：山顶为森林、山腰建村寨、山脚为梯田。山腰气候温和，冬暖夏凉宜于人居住，宜于建村；村后山头为森林，有利于水源涵养，使山泉、溪涧常年有水，使人畜用水和梯田灌溉都有保障，同时，山林中的动植物又可为哈尼人提供肉食和蔬菜；村下开垦万亩梯田，既便于引水灌溉，满足水稻生长的气候条件，又利于村里运送人畜粪便施于田间。梯田的建造完全顺应等高线，这样既减少动用土方，又防止水土流失。这种森林—溪流—村寨—梯田的结构，创造了人类生态与自然生态的和谐共存。

三、宗族化

中国古代社会是一个典型的以血缘关系为纽带的宗族社会，人与人之间的一切关系都以血缘为基础。因此，人类居住的村落便成为以血缘为基础聚族而居的空间组织。村庄多以姓氏宗族聚居，以宗族建筑作为村庄的核心，有祖上创业的传说和家族兴衰的记载，有祖传的遗训族规，由一脉相承的大一统文化形成强大的民族凝聚力。最重要的宗族建筑是宗祠，村庄空间多表现为以宗祠为几何中心或“心理场”中心展开布局。宗祠成为村庄景观的焦点和醒目标志。

第三节　乡村景观的设计形式

正是由于乡村景观的地域性，导致乡村景观有不同的设计形式，具体包含传统村落保护、山地自然景观、农田景观和田园综合体。本节就对这四大层面展开探讨。

一、传统村落保护

要想实现乡村景观的可持续发展，就必须保护传统村落的完整性与独特性。因此，传统村落的保护有着划时代的意义。下面就从以下几个层面进行分析：

（一）传统村落保护的内容

传统村落是我国农耕文明的结晶，要想更好地保护传统村落，首先需要弄清楚传统村落保护的具体内容，即保护的价值是什么以及具体保护的对象。

1. 传统村落保护的价值

（1）历史文化价值

传统村落大多是在明清时期建成的，是历史更迭的见证，也是对历史发展进行研究的重要载体。同时，传统村落的选址、布局、日常民俗文化还反映了各地独特的文化背景与地理环境，是对地方民俗文化进行研究的“活的载体”。

（2）科学价值

对于科学研究而言，传统村落保护的价值是多领域的，主要涉及建筑学领域、规划设计领域、人类学领域、历史文化领域等。传统村落的选址、布局都是基于人与自然和谐共处的理念，从当地的气候出发，按照适应生活、生产的原则来加以设计的，具有科学性与生态性，且对当今的住宅区布局、城市规划等有着重要的借鉴意义。

（3）艺术价值

我国地势高低起伏，地貌多变。古代人们建设村落多依山傍水，与地理环境紧密贴合，造就了自由随性、形态万千的村落形态，体现出“天地人和”的美。另外，传统村落中风格不一、形式多样的建筑，加上富有当地特色的色彩、配饰、质感等，具有较高的艺术价值，也展现出建筑艺术的魅力。

（4）社会价值

传统村落是广大农民社会资本的载体，他们生活的土地、家园、环境、人际关系等都是在村落中产生的。传统村落也是各地风俗习惯、方言、手工艺品等非物质文化遗产的载体，是中华儿女的精神聚居地，是连接民族血脉、传承民族文化的载体，因此具有较强的社会价值。

（5）旅游价值

传统村落所具备的上述四个价值也决定了其具有旅游价值。具体而言，传统村落具有旅游价值的原因在于其有着悠久的历史、自由随性的街道、优美的布局、独特的建筑风格、宜人的自然风光等旅游资源。这些资源具有独特性、古老性，与现代人们喧嚣的社会生活截然不同，因此会吸引人们去参观与学习。

2. 传统村落保护的对象

传统村落保护的对象即特征元素，主要有物质形态元素和非物质形态元素。

（1）物质形态元素

①景观环境

山体景观、水系景观、农田景观、其他景观要素（如古树、古井、古桥等）。

②村落环境

村落布局、传统街巷、公共空间节点、村落边界要素（如城墙、城门、护城河等）。

③传统建筑

传统民居、祠堂庙宇、历史遗迹（如牌坊、城墙、城门、庙宇等遗址）。

④历史构件

建筑装饰、传统材料（如水雕、砖雕、影壁、铺地、彩画、龙柱、石狮等）。

（2）非物质形态元素

①生产文化

耕读文化、营造技术、手工技艺（如竹编、面塑、刺绣、扎染、剪纸、雕刻等）。

②历史事迹

名人事迹、民间传说、历史事件（如村落搬迁、防御、战役等）。

③民俗文化

饮食文化、传统节庆（如传统节日、庙会、集会等）、祭祀活动。

④民间艺术

传统曲乐（如地方戏曲、民间音乐、民间曲艺等）、民间表演（如杂技、花灯学）、民间舞蹈（如秧歌、花棍等）。

（二）传统村落保护的具体做法

传统村落保护需要遵循一定的方法，既要做到整体保护，又要做到分区保护。

1. 整体保护

传统村落是由村落环境、物质文化、非物质文化等多个元素组成的。其中，传统村落的骨架为街巷，肌肉为历史要素，皮肤为自然环境，血液为民俗文化，灵魂为村民的生产生活。传统村落各个元素之间格局功能联系紧密，任何元素发生改变都能导致整个结构以及相关元素的变化。而且，整体性保护不仅能够保证村落结构的完整，还有助于从大局层面对传统村落保护与旅游开发的关系进行正确处理，并且能够统筹各种村落保护的财力、物力，所以整体性保护是传统村落保护的一个重要方法。

2. 分区保护

在整体保护的基础上，传统村落保护还可以按照主次分明原则，并结合传统建筑的保存状态与分布情况，将传统村落保护划分为四区，并针对四区采用不同的保护方法。

（1）核心保护区

核心保护区是指历史风貌、传统风格保存较为完整、区域传统风貌建筑集中的地区。这一区域的村落最能够反映传统村落的历史文化内涵、空间形态，因此需要重点加以保护。区域内的传统建筑需要参照传统的工艺来修缮与维护，确保传统建筑风貌不会因此损坏。同时，传统街巷的肌理与尺度也需要多加注意，避免修缮与整治过程中出现问题。

（2）建设控制区

建设控制区是指位于核心保护区之外的已经建设的区域，其不具备传统的风貌，是传统村落的缓冲地区。这一区域的建筑需要对高度、体量、色彩等进行控制与限定，对与核心保护区风貌不协调的建筑进行治理，其他建筑要保证原风貌不改变，区域内的插花空地可以适当新建，以满足人们的生活生产需要。

（3）新建引导区

新建引导区是指为了满足村民的居住与发展而需要重新建设的区域，其作用在于补充核心保护区与建设控制区无法进行的项目。这一区域的建设需要政府、专家从村落的风貌特征、历史文脉等出发，制定一套建设参考手册，对区域内建筑的院落结构、用地指标、建筑风貌等作出限定，对空间的尺度、区域内街巷、绿化树种等进行规范，展开合理性的建设。

（4）风貌协调区

风貌协调区是指建设区域以外村域范围内的区域，主要构成元素为田园果林、山水格局、景观植被等。该区域主要是保护原有山水格局和自然景观，保证基本农田规模、整治污染，为传统村落提供良好的保护屏障和景观背景。

二、山地自然景观

山地型乡村涵盖非常广泛，且山地自然景观包含的内容非常丰富，形式也多种多样，更加凸显特色。下面就来分析山地自然景观：

（一）山地自然景观的内容

要想了解山地自然景观，首先需要弄清楚山地乡村景观。具体来说，山地乡村景观包含山地自然景观、山地田园景观、山地文化景观。

山地自然景观在山地乡村景观中占有最大的比例。其是山地乡村区域范围内生态状况、生态条件的反映，具体涉及土壤、气候、山体、动植物、水文等。山地自然景观常表现为怪石嶙峋的洞穴景观、云雾缭绕的森林景观、溪流潺潺的水文景观等。山地自然景观为山地田园景观与山地文化景观的发展提供了重要条件。

山地田园景观就是我们下面将要说明的农田景观的一种。因此，这里不再赘述。

山地文化景观是山地乡村范围内风土人情、社会文化的反映。每一种文化观都必然会打上人类活动的烙印，文化景观的改变往往会受到物质因素与非物质因素的影响。

（二）山地自然景观规划的具体做法

山地乡村往往依山傍水，地形较为复杂，因此对山地自然景观的规划需要遵循一定的方法。具体而言，就是要求山地乡村的规划建设与山地自然景观结合起来，保证自然景观的绿化环境，可以从点、线、面做起。

1.“点”

根据风景园林的规划理论，乡村建设中山地自然景观的树木种植要因地制宜，选择与当地环境相适合的树种，在规划中还要考虑采光条件，使乡村更具有色彩。同时，这种山地自然景观的加入可以使乡村氛围更加舒适，也有助于改善小气候。

另外，在拥有山地自然景观的乡村规划中，由于地域条件的限制，规划建设中尽量不要设置较大规模的广场，以提高土地的利用率。在设计手法上尽量凸显山地自然景观的自然风貌与人文性特点。

2.“线”

山地型乡村规划中也需要加强街道绿化，使这种人工绿化与自然景观相结合，营造出具有地方乡村特色的绿化环境。再加上山地型乡村水资源一般较为丰富，乡村内河流居多，因此生态很脆弱，水资源容易受到污染，而绿色植被能够净化水体，保护水资源免受人的破坏。

3.“面”

与其他类型的乡村相比，山地型乡村具有良好的自然资源基础，周围山地植被资源丰富，且生物具有多样性特征，因此从景观生态学基质理论上说，山地型乡村具有稳定的、良好的、连续的“基质”。但是，在山地与村落交接的地方，出现了明显的边缘效应，生态相对不稳定，且比较脆弱，因此在山地自然植被的基础上还需要做好防护工作，建立绿色保护区，以实现基质的连续性和生态的稳定性。

三、农田景观

从传统审美角度来看，农田是乡村的象征，农田景观是乡村地区最基本的景观。从景观生态学的角度来说，农田景观通常是由几种不同的作物群体生态系统形成的大小不一的镶嵌体或廊道构成。农田景观规划设计是应用景观生态学原理和农业生态学原理，根据土地适宜性，对农田景观要素的时空组织和安排，制定农田景观利用规则，实现农田的长期生产性，建立良好的农田生态系统，提升农田景观的审美质量，创造自然和谐的乡村生产环境。

（一）农田景观的影响因素

农田景观受到以下因素的影响：

1. 轮作制

轮作是中国农业的传统，合理的轮作对于保持地力、防治农业病虫害和杂草危害以及维持作物系统的稳定性是极为重要的。为了实行合理的轮作，在一个农田区域中必须将集中参与轮作的农作物按一定比例配置。显然，这样的按比例配置成为制约农田景观的重要因素。

2. 农业生产组织形式

不同的农业生产组织形式，其生产规模和生产方式有很大的差异，而这些差异又直接影响农田景观特征。例如，大型的农场，由于采用机械化和高劳动生产率，由此形成由单一农作物构成的可达几百亩的农田景观。对于绝大部分实行联产承包责任制的广大乡村，土地承包给每户，农户又从自己的意愿出发来种植作物，结果就会导致农田景观的各个地块面积逐渐缩小，而地块的数目与种类却大幅度增加。

3. 耕作栽培技术

中国广大乡村实行的都是作物间套作模式，这一耕作模式对于农田生态系统的改善是非常有利的，并且能够增强农田的经济功能与生态功能。例如，北方农田中可以看到带式、后行式的农田景观。从小尺度景观的角度来说，这样的格局可以被认作是不同作物构成的廊道，农田景观就是由这些不同类型的、相互平行的廊道构成的。

（二）农田景观规划的原则

在规划农田景观时，需要坚持以下几点原则：

1. 整体性原则

农田景观是由相互作用的景观要素组合而成的，因此在进行规划设计时，应该将其视作一个整体，这样做有助于实现景观的生态性、生产性与美学性的统一。

2. 保护性原则

农田最基本的作用在于为人们提供必需品。当前，人口众多但土地资源不足，这种矛盾导致在农田景观规划时需要坚持保护性原则，即对农田进行优化整合，使农田真正地能够满足人们的需要。

3. 生态性原则

在规划农业景观时，还要求坚持生态性原则，即对农业生产模式进行改变，发展精细农业、生态农业与有机农业，建构稳健的农田生态系统。同时，在建设中还需结合农田林网，增加分散的自然斑块与绿色廊道，对景观的生态功能进行补偿与恢复。

4. 地域性原则

地域不同，自然条件也不同，因此在规划不同地域农田景观时，应该对农田景观的格局进行合理的确定，进而凸显该地域的特色。例如，东北地区的“玉米—高粱”农田景观、华北平原的“小麦—玉米”农田景观等。

5. 美学原则

农田景观还具有特殊的审美价值。这是因为，农田景观不仅是生产的对象，还是审美的对象，只是作为景观来呈现在人们的面前。因此，在对农田景观进行规划设计时，需要注重其美学价值，并合理开发其美学价值，从而提高农业生产的经济效益。

（三）农田景观规划的具体做法

农田景观规划除了要坚持一些基本的原则，还需要掌握一些规划的方式。

1. 斑块规划

（1）斑块大小

大型农田斑块有利于提高生物多样性，小型农田斑块可提高景观多样性。最优农田景观是由几个大型农作物斑块组成，并与众多分散在基质中的其他小型斑块相连，形成一个有机的景观整体。然而，农田斑块的大小是由社会经济条件、农业生产组织形式等决定的。

从景观生态学的角度来说，农田斑块的大小应根据农田景观适宜性、土地需求和生产要求综合确定，以充分发挥景观优势。农田斑块的大小取决于田块的大小，田块的长度主要考虑机械作业效率、灌溉效率和地形坡度等，一般平原区为 500 ～ 800 米；田块宽度取决于机械作业宽度的倍数、末级沟渠间距、农田防护林间距等，一般平原区为 200 ～ 400 米，山区根据坡度确定梯田的宽度。平原区田块的规模为 10 ～ 32 公顷。

（2）斑块数目

斑块数目越多，景观和物种的多样性就越高。在一定区域中，农田斑块数目多，则田块规模小，不利于农田集约利用。大尺度斑块数目规划设计，由农田景观适宜性决定；小尺度农田景观斑块数目取决于田块的规模，平原区一般为

3～10块/公顷，山区、丘陵地区数量将增加。农田景观的多样化分布较单一景观相比生态稳定性高，不仅可以明显减轻病虫害的发生，而且对田间小气候具有显著的改善作用。

（3）斑块形状

除了受地形制约外，考虑到实际田间管理的需要和机械作业的便利，田块的形状力求规整。因此，人们通常见到的农田斑块形状大多为长方形，其次是直角梯形和平行四边形，而最不好的是不规则三角形和任意多边形。

（4）斑块位置

农田斑块的位置基本由土地适应性决定。一般来说，以连续的农田斑块为宜，这样有利于农作物种植和提高生产效率。

（5）斑块朝向

农田斑块朝向是指田块长的方向，对作物采光、通风、水土保持和产品运输等有直接影响。实践表明，南北向田块比东西向种植作物能增产5%～12%。因此，田块朝向一般以南北向为宜。

（6）斑块基质

斑块基质的优劣直接关系到农作物生长量和经济效益。斑块基质条件主要包括土壤、土地平整度、耕作方式等，需对质地差的斑块基质进行土壤改良设计、施肥设计；土地平整程度直接影响耕作集约化、灌溉、排水、作物通风和光合作用，一般以平坦为宜；耕作方式以提高地力为目的，安排作物轮作方式和间作方式。

2. 廊道规划

在农田景观中，廊道主要是指防护林、河流、乡村道路和沟渠等。其中，农田林网对农业景观有着巨大的影响，被认为是农田景观中的廊道网络系统。

（1）林网作用

农田林网是农田的基本建设之一，具有极大的经济效益、社会效益和生态效益。实践表明，农田林网能有效地减少旱涝、风沙、霜冻等自然灾害，还能对农田小气候进行改变，如温度、风速、土壤含水量等。正常来说，农田林网能提高小麦产量20%～30%，提高果品产量10%～20%，每亩棉花增产20～35千克，在自然灾害频繁年份，其保产增产效应更加显现。同时，农田林网也是乡村经济的一个重要组成部分，所提供的林特产品，如木材、水果、干果等，具有较高的经济价值，增加了乡村居民的经济收入。农田林网具有防止水土流失、保护生态环境、净化空气降低空气污染、消除噪声、增加生物多样性和景观多样性的作用。

（2）林网位置

农田林网应根据自然地理条件，因地制宜地设置林带。农田林网分为主林带和副林带，主林带应与主害风向垂直，副林带垂直于主林带。林带通常与河流、沟渠、道路等结合布置。

（3）林网规模

一般来说，主林带的间距大小主要决定于林网的高度，通常为林网高度的 20 ～ 30 倍，副林带的间距是主林带间距的 1.5 ～ 2.0 倍。

（4）林带宽度

林带树木行数过多或过少，对防护效果都会产生不利影响。实践证明，最好采用 2 ～ 4 行，行距 2 ～ 4 米。

（5）树种选择

农田林属的树种应根据设计要求和农田作物的生态要求、树种本身对自然条件的要求考虑，可选择材质好，树冠小，树型美和侧根不发达，适宜营造乔、灌、针和阔混交林的树种。树种的搭配应按乔、灌结合与错落有致的原则，路渠配以防护性速生乔木，田埂配以经济高效的小乔木和灌木，既能突出生态效益，又能兼顾经济效能。同时，注重在生物学特性上的共生互补，注意避免可能对农作物生产带来的危害。

四、田园综合体

“田园综合体”作为乡村新型产业发展的亮点措施被写进中央相关文件。田园综合体是指以农业、农村合作社、新型农业经营为载体，融创意农业、循环农业、农事体验为一体的农业综合开发项目。下面就来分析田园综合体：

（一）田园综合体的体系

田园综合体集生产、产业、经营、生态、服务为一体，构成一个专门的体系。

1. 生产体系

田园综合体的生产体系要求务实基础，完善生产体系的发展。也就是说，要按照综合配套、适度超前等原则，集中开展高标准的农田建设，加强田园综合体区域内的基础设施建设，对通信、供电、污水处理、游客集散公共服务等要做好资金支持。

2. 产业体系

田园综合体的产业体系要求凸显特色，打造涉农产业体系发展平台。也就是说，要立足区位环境、历史文化等优势，围绕农业特色与田园资源，做好传统特色主导产业，推动土地规模化利用，进而稳步发展创意农业。同时，利用“生态+”“旅游+”等模式，开发农业多功能性，推进农业产业与教育、旅游等的深度融合。

3. 经营体系

田园综合体的经营体系要求创业创新、培育农业经营体系发展新功能。也就是说，要壮大经营主体实力，完善社会化服务，通过股份合作、土地托管或流转等形式，推进农业适度规模经营。

4. 生态体系

田园综合体的生态体系要求绿色发展，构建乡村生态体系屏障。也就是说，要建立绿化观念，对田园景观资源进行配置，并挖掘农业生态的巨大价值，将农业景观与体验功能加以统筹，积极发展循环工业，促进资源节约与环境优化。

5. 服务体系

田园综合体的服务体系要求完善功能，补齐公共服务体系建设。也就是说，要通过建构服务平台，聚集市场、信息、人才等要素，推进农村新产业发展，并对公共服务设施加以完善，为村民提供便捷的服务。

（二）田园综合体规划的具体做法

在田园综合体规划中，可以从以下几点着手：

1. 产业构成上的规划

由于产业具有多元性的特点，对其规划要考虑不同产业的不同性质。

农业产业片区，规划时要做到三点：第一，满足现代农业产业园的功能需求；第二，要配备社区支持农业的菜园空间；第三，要给予创意农业、休闲农业预留出空间。

文旅产业片区，规划时要考虑规模、功能、多样性等，尽力加载丰富的文化生活内容，达到与生态型旅游产品相符的农村旅游特色。

地产及村舍片区，要尊重对原有村落风貌，构建村落肌理，将村子的“本来”面貌还原出来，同时需要布局管理和服务区块，构建完整的村舍服务功能。

2. 功能片区上的规划

基于田园综合体多产业融合，可将其按照功能片区来规划。

（1）核心景观片区

一般是吸引人的田园景区，其规划布局要凸显主题，通过特殊的节点与线路，给人留下深刻的印象，可以依托瓜果园、农田、花卉展示等给顾客以美的享受。

（2）创意农业休闲片区

主要是为了满足游客创意休闲活动的景区，其规划要从农业的创意活动出发进行规划，如农家风情小筑、乡村节庆活动等。

（3）农业生产片区

主要是大田园农业生产景区，其规划要具有规模性，尽量满足机械化种植的需求，让游人能够认识农业生产的全过程，也可以亲身体验农事活动。

（4）独家 / 居住片区

这是城镇化实现的核心承载地区，主要是产业融合与产业聚居地，在规划时应该主要考虑村落的构建。

第三章 乡村空间构成与设施建设

第一节 乡村空间构成与土地利用规划

一、乡村空间及土地利用

（一）乡村空间概念及现状特征

1. 乡村空间概念

空间是人类进行各种社会经济活动的场所，乡村的发展和地理空间密不可分。地理空间是一个地区乃至国家最为珍贵的资源，乡村空间是地理空间的重要组成部分。乡村空间包括了乡村聚落空间与整个地理自然环境，是组成乡村的各个要素在一定地域内表现出的空间配置形式，其要素分为物质要素和非物质要素，物质要素构成物质空间，非物质要素构成非物质空间。乡村物质空间由乡村聚落空间、乡村生态安全空间、乡村基础设施服务空间、乡村公共服务设施空间构成；乡村非物质空间由乡村经济产业空间、乡村乡土文化空间、乡村社会关系空间构成。从乡村的定义来看，乡村空间指包括生产、生活、游憩等空间类型在乡村地域内各种用地布局的空间分布。

2. 乡村空间现状特征

第一，乡村空间具有一定的自然性。原始的乡村是在自然的基础上衍生而来的，人类在自然的基础上加以选择、改造，利用自然山水、气候等形成合适的人居环境。

第二，乡村空间具有明确的领域性。乡村由血缘和地缘关系构成，虽然内部有动态变化，但是基本上是稳定的、有明确的界限。

第三，乡村空间具有重叠性。乡村的生产生活空间紧密相连，村民住宅多是上层为生活空间，而下层却是家庭作坊；圈养家禽的场所多数并没有完全与住宅分开。

第四，村庄分散发展，组织机构涣散，空间分布凌乱，村庄建设处于无规划、无管理状态。城镇化过程中，因人口的转移与居住空间的转移不同步，造成了“空心村”的出现。

第五，乡村结构网络薄弱，公共服务设施、基础服务设施缺乏，配置水平低，分布不均。具体来讲，道路交通设施建设和管理不符合规范，污水处理系统、环卫设施、供水管网、通信服务设施等缺乏。

第六，乡村产业结构较为单一，以农业和畜牧业为主并且产业发展格局分散，不成规模。

第七，乡村生态环境遭到破坏，自然、文化特征被湮没，乡村格局面貌千篇一律，传统特色丧失。

（二）土地利用

1. 土地利用概念

在我国土地利用历来受到重视。公元前5世纪至公元前3世纪成书的《尚书·禹贡》对当时中国各地区的土壤类别及其利用差异就有所阐述。20世纪30年代开始，胡焕庸等地理学家和张心一等农学家开始进行土地利用的研究和制图，研究内容多为小区域的土地利用实况调查。金陵大学农学院1937年出版了《中国土地利用》一书及图集，比较系统地反映了当时中国东部土地利用的情况和问题。现今，面对当前日益加剧的人口环境资源问题，土地利用研究显得更为重要。

土地利用是指土地的自然属性的使用状况或人类劳动与土地结合获得物质产品和服务的经济活动，即人类有目的地对土地进行干预的活动，这一活动表现为人类与土地进行的物质、能量和价值、信息的交流转换，是一种动态过程。

2. 土地利用内容

受到自然、经济、社会三大因素的影响，我国的土地利用差异性比较明显。土地的地质、地形、地貌、土壤酸碱度、降水量等自然因素都会影响土地利用，而社会因素包括传统文化习俗、政策法规等。随着社会生产力水平的不断提高，人类学会利用自然、改造自然，经济、社会因素在土地利用影响程度中所占比重增加。

广义的土地利用主要包括以下三方面：

（1）土地开发

一般指将尚未开垦的土地经过清理后投入使用，同时也包括将农业用地经过调整后转变为非农业的建设用地。

（2）土地整治

对土地利用过程中不利的条件进行整治，人为地创造土地生态良性循环，如水土流失整治、盐碱地整治、风沙地整治。

（3）土地保护

指依据自然规律采取措施保护土地资源及其环境条件中有利于生产和生活的状态，在利用土地时停止采用破坏性措施。

狭义的土地利用是指人类根据土地的质量特性和土地供需关系，合理地利用土地，寻求土地资源的最佳利用方式和目的，发挥土地资源的最优结构功能，实现土地资源的可持续利用。本书中的土地利用均指狭义的土地利用。

3. 土地利用方法

第一，对我国进行全面土地普查、严格登记并且根据土地资源的特点、质量、用途等进行土地资源分类。

第二，对土地开发程度、用地效益等现状进行分析并且编制土地利用图。

第三，编制土地利用规划。

第四，加强土地的开发、保护和管理措施，避免土地资源被浪费，避免环境被破坏。

第五，进行土地适宜性评价，把生产项目对生态环境质量的影响放在重要地位。

二、乡村空间重构的实现途径

（一）乡村空间重构的概念和内涵

乡村重构这一概念较早见于欧洲国家和地区，20 世纪 50 年代以来，伴随着城市化、逆城市化的进程，美国、澳大利亚、加拿大、新西兰等发达国家在乡村地区的经济、社会、环境等方面发生了显著的变化和重构，如社会结构和阶层变迁、零售业的变化、家庭农场及农业的转型等。

我国改革开放以来，广阔的乡村地区开始经历乡村结构的不断重构过程。从中国乡村发展的实践来看，乡村重构是一项集社会、经济、空间于一体的乡村发展战略。它通过农村经济社会的持续发展，立足于合理完善乡村在城乡体系中的地位及作用，提升物质文明和精神文明，合理组织空间布局，构建社会主义市场经济体制下平等、和谐、协调发展的城乡关系及工农关系，实现城市和乡村的良性互动。其中，空间格局的变化是乡村重构的重要表现形式，即乡村空间重构。

（二）乡村空间重构的内容

1. 乡村空间重构工作

第一，规划建设农村城市化平台，以村镇布点规划为抓手，重构农村生产与生活空间，逐步推进小村或在远郊区的村庄向大村或道路沿线的中心村迁并，即发展中心村引领型乡村；建设城镇化引领型乡村，即逐步推进集镇周边的村庄向集镇迁并或推进县城周边的村庄向县城迁并。

第二，构建城乡统筹发展的社会保障体系。通过规划调控，合理规划农村聚落，推进农村人口适度集中居住，非农产业适度集聚发展；合理配置农村基础设施、公共服务设施，切实提高乡村人居环境质量，形成有利于城乡协调互动的空间结构。

2. 乡村空间重构原则

第一，乡村重构要尊重农民的意愿，尊重当地的历史文化传统；要加强对乡村文化的保护和弘扬，注重保护传统文化；要重视保护古村落、古民居以及具有地域文化特征的建筑。

第二，乡村居民点重构必须建立在土地集约化基础上，适度加大村庄的集聚规模，方便农民的生活，有效控制人均建设用地。此外，村庄的选址要因地制宜，有利于保护乡村历史文化景观。

3. 乡村空间重构的途径和目的

（1）产业发展集聚

以创新发展理念、促进要素流动、优化产业格局、保障科学发展为目标，加大政府对乡村产业的投入和扶持力度，实现工业向城镇集中，农业向地方化、专业化转型。

（2）农民集中居住

通过集中居住解决分散居住所带来的公共基础设施投入需求大、利用效率低的问题，并据此有效控制农村人均居民点用地，保存乡村传统文化景观。

（3）资源利用集约

通过产业集聚发展和农民集中居住、优化乡村土地配置、推进乡村空间重构、强化区域主导功能、整体提升土地价值，解决生产和生活中资源利用效率低、环境污染的问题，实现乡村的可持续发展。

（4）培育和重构乡村组织核心

从乡村的建设发展上看，传统的管理模式已经不能适应经济和社会发展、乡镇机构改革、农村税费减免等改革要求；增强村委会的社区服务功能，加强乡村空间规划的建设管理，高度重视村镇规划建设的管理机制，稳定管理队伍，将有利于保证乡村建设的有序进行。

（5）建立城乡统筹的市场体系

现代村庄建设规划还需要满足与区域经济、城镇体系协调发展的要求。由于农村是城镇体系的基础层次，村镇的发展水平、发展状况受周边城乡和所在区域经济社会发展的影响，同时也牵制和影响整个区域及城市化的发展。乡村空间重构在注重城乡空间分开的同时，还要增强城乡之间的交通联系、文化联系，保护好城乡空间格局。

积极实施对供水、燃气、治污等市政基础设施的区域共建共享和有效利用，统筹城乡基础设施建设，推进城市基础设施向农村拓展和延伸；促进城乡教育、文化、卫生、体育等设施的区域共建共享，统筹公共服务设施建设；促使村庄发展与自然相协调，防止城市污染向乡村扩散、蔓延，阻止城市对耕地资源的无序侵占，统筹保护区域资源。

三、土地利用规划

（一）土地利用规划概述

土地利用规划是确定和分析问题，确定目标、具体的规划指标以及制定和评价供选方案的过程。土地利用规划方案是土地用途的空间安排以及一套使它实现的行动建议，其重点是研究土地利用结构和布局的优化配置。

土地利用总体规划是在一定区域内，根据国家社会经济可持续发展的要求和当地自然、经济、社会条件对土地开发、利用、治理、保护在空间上、时间上所做的总体的战略性布局和统筹安排。它是从全局和长远利益出发，以区域内全部土地为对象，合理调整土地利用结构和布局，以利用为中心，对土地开发、利用、整治、保护等方面做统筹安排和长远规划。

（二）土地利用规划体系、任务、内容与性质

1. 土地利用规划体系

（1）按功能层次划分

可分为土地利用总体规划、土地利用专项规划和土地利用详细规划。土地利用总体规划可分为三个层面的五级规划：高层次的全国、省（自治区）级规划，中层次的市级规划，低层次的县、乡（镇）级规划。上一级的规划是下一级规划的控制和依据，下一级规划是上一级规划的具体实现。土地利用总体规划和土地利用专项规划都是区域整体性的规划。土地利用专项规划以土地资源的开发、利用、整治和保护为主要内容，是土地利用总体规划的深化和补充，它必须在土地利用总体规划的控制和指导下编制。土地利用详细规划是土地利用总体规划和专项规划的深入，是对土地利用专项规划中确定的具体规划项目的规划设计，一般是对田地、水域、道路、林地、电力电信、村庄进行综合规划。

（2）按时间层次划分

可分为长期规划、短期规划。土地利用总体规划、土地利用专项规划属于长期战略性规划，规划期限一般为 10 年或 20 年，一般与国民经济与社会发展规划同步。长期规划分为近期规划和远期规划，近期规划为规划年限内的 3 ～ 5 年，

远期规划为近期规划后 1 年到规划年限末期。根据近期规划可作出年度用地计划，分为农业生产用地、农业建设用地、非农业建设用地、土地开发整理计划。一般土地利用详细规划为短期规划，其年限为 1 ～ 3 年。

（3）按空间范围划分

可分为区域性土地利用规划、城乡土地利用规划。区域性土地利用规划一般在一个行政区、自然区和经济区范围内；城乡土地利用规划在城镇或乡村范围内，确定村庄范围界限，对村庄居民点、道路、田地、绿化等进行规划。

2. 土地利用规划任务

土地利用规划的主要任务是根据国民经济与社会发展的需要，结合区域内的自然环境和社会经济条件，选择符合区域特点，能取得社会效益、经济效益和生态效益的最佳组合的土地利用优化体系。具体来讲，土地利用规划的任务如下：

（1）综合平衡土地供需

土地的供给能力有限，而人口的不断增长使得各项事业与社会发展对土地的需求呈逐步扩大的趋势，因此，土地供给与需求之间常常出现矛盾。协调、合理配置土地的需求，解决土地的供需矛盾，减小土地资源的浪费与破坏是土地利用规划的首要任务。

（2）优化土地利用结构

土地利用规划的核心内容是调整土地利用结构与布局，在资源约束的条件下寻求最优的土地利用结构。

（3）建立完整的土地利用规划体系

土地利用规划是一个大系统，建立完整的土地利用规划体系有助于土地的合理配置、宏观布局以及确定何时、何地、何部门使用土地的数量和分布，将各行业用地落实在土地上，使土地持续利用保持巨大潜力。

（4）建立土地利用规划管理体系

土地利用规划管理体系包括土地利用规划实施、监测的管理组织和制度的建设，如土地利用的规划许可制度、土地规划设计项目的审批和管理制度。

3. 土地利用规划内容

不同层次的土地利用规划范围不同，其规划内容也不相同。

（1）土地利用规划包括：

第一，对土地利用现状进行分析评价，确定土地利用的目标。

第二，对土地供给与需求进行研究，确定土地利用指标，即各种功能用地要求达到的数量及质量要求。

第三，土地利用规划分区和用地配置。分区包括地域分区和用地分区两种类型。地域分区是依据土地利用条件、特征、发展方向等划分的土地利用综合区域，是范围连续、面积较大的空间地理；用地分区是依据土地的基本用途和功能划分，在空间上可以不集中，面积可大可小，根据需要确定县、乡级土地利用总体规划划分用地分区。用地配置即用地项目布局，详细确定每块土地的用途与功能，这应该在用地分区的基础上进行，乡级规划必须进行土地用地配置。

（2）乡村土地利用规划内容

不同层次的总体规划都具有决策功能，县、乡级属于基层决策。其中乡级规划是实施性规划，乡村土地利用规划以落实、实施县级以上规划为主要内容，对建设用地、林地、耕地等具体落实到地块，落实到乡级土地利用总体规划图上。

4. 土地利用规划性质

（1）土地利用规划具有公共政策属性

我国正处于社会经济快速发展的时期，应该采用过程规划的模式，在对社会发展的不确定性进行假设的基础上，考虑想要取得的成果以及取得这些成果的方式。土地利用规划不仅仅是未来变化图景，更重要的是它通过相关行动纲领与政策的制定，对社会发展进行重要战略性布局。

（2）土地利用规划具有综合性

我国的土地利用规划编制过程经过了大量的前期调研工作，包括对当地人口、经济、土地、产业等的分析研究。土地利用规划与社会经济、政治等相互作用、相互影响。

（3）土地利用规划具有层次性

不同层次的土地利用规划具有不同的目标、内容、方法手段以及保障措施。

（4）土地利用规划具有控制性

所有土地利用规划都是为了控制土地利用，土地利用规划从数量上、结构上、空间和布局上对土地进行调整，即按照规划来控制有限的土地资源。规划的目的在于指明具体地块的具体用途和管制措施。管制措施则说明这块土地能干什么不能干什么。

（5）土地利用规划具有协调性

土地利用是有利益的，土地利用规划就是要协调各种利益。我国的土地制度有两种基本形式：国家所有制和农民集体所有制。国家、集体、个体都有土地的使用权，在土地规划的过程中常常会因为调整土地的使用而给部分使用者带来利益损失，造成矛盾。土地利用规划要充分解决各方面利益矛盾，协调解决各个部门之间的用地矛盾。

（三）土地利用规划方法

1. 土地利用规划的编制程序

第一，进行土地利用规划的准备工作。包括成立规划领导小组和规划办公室，拟订规划工作方案和工作计划等。

第二，进行土地利用规划的调查研究。包括收集、整理和分析有关自然条件、土地资源、土地利用和社会经济等方面的资料。

第三，根据收集的资料，提出可能发生的土地利用问题，确定土地利用规划所需解决的问题，再编写《问题报告书》和《土地利用战略研究报告》。

第四，编制土地利用规划方案。

第五，规划的评审和公布实施。规划报告编制完成之后要完成审批，使其形成规范性文件，最后经过批准的规划方案向群众公布。

2. 土地利用规划的编制原则

第一，规划编制应遵循《中华人民共和国土地管理法》等相关法律法规和行政规章。

第二，统筹安排各类、各区域用地，考虑经济、社会、资源、环境和土地供需状况，妥善处理全局与局部、当前与长远的关系，提高土地利用率，保护和改善生态环境，保障土地的可持续利用。

第三，严格保护基本农田，控制非农业建设（用地）占用农用地。

第四，在确定土地利用政策、规划目标与主要指标、土地利用布局与用途分区过程中，应注重上下级规划的协调和衔接，同时也应注重各个部门的协调。

第五，规划编制应广泛听取基层政府、部门、专家和社会公众对规划目标、方案、实施措施等的意见和建议。

（四）乡村土地利用规划与乡村规划的关系

1. 乡村土地利用规划与乡村规划的联系

（1）乡村规划的核心是乡村土地利用规划

乡村规划与乡村土地利用规划都是以当地国民经济发展规划为依据，以节约和合理利用土地为原则进行编制的。县级市的土地利用总体规划和一般县城以及县辖镇的总体规划要与县级土地利用总体规划相协调，集镇总体规划和村庄总体规划应与乡镇级土地利用总体规划相协调。

乡村土地利用规划在规划空间和地位上从属于镇、乡级土地利用规划，是全面性的，着重于区域内全部土地的利用、布局安排；而乡村规划是局部性的，着重于规划范围内的建设用地的安排和布局。乡村土地利用规划对各项用地规划具有指导和制约作用，乡村规划不仅仅是一个部门的用地规划，还是对乡村土地利用规划的补充和深入。

（2）两种规划的分析方法和依据相似

在分析方法上，两者一般都采用统计分析法、系统分析法以及动态和静态、宏观和微观、定性和定量分析结合的方法。在规划依据上，两者都需要遵循国家的有关法律法规和政策，如《基本农田保护条例》《土地管理法》等；都要遵循自然、经济社会中的一定规律，如景观学理论、生态经济规律、价值规律等。

（3）两种规划都以集约用地为核心

乡村土地利用规划的中心任务在于确定土地利用规划结构、布局和利用方式以达到合理用地、保护土地的目的；乡村规划重点在于确定用地规模、用地分类布局等，也是以节约土地资源为核心。

2. 乡村土地利用规划与乡村规划的区别

（1）规划的主管部门不同

乡村土地利用规划由国土管理部门编制，乡村规划由规划部门编制，两者在各自的行政体系内完成，但在规划的编制过程中均接受来自上级部门的指导与监督。

（2）规划的出发点不同

乡村土地利用规划立足于当地土地资源现状，寻求土地资源合理配置的方法，强调保护耕地，对建设用地实行供给制约和引导，将优质的土地优先用于农业发展。乡村规划多从用地需求出发，虽然也讲节约土地、合理用地，但是对土地的供给量考虑不多，主要在于统筹安排各类用地，综合规划各项建设，实现经济与社会的可持续发展。

（3）统计方法不同

乡村土地利用总体规划依据土地部门的土地详查资料，乡村规划依据建设部门的统计资料。

3. 乡村土地利用规划与乡村规划的协调

（1）用地布局协调

乡村规划主要与乡村土地利用总体规划相协调，同时还要与区域规划、电力电信等基础设施规划、农业区域综合开发规划等规划相协调。

（2）用地规模协调

人口自然增长预测要以卫生计生部门统计数字为准，而人口机械增长要由劳动就业部门、公安部门、旅游部门等共同参与，实事求是地估计人口数量，采用合适的人均建设用地指标，避免因指标偏大而造成土地资源浪费问题，抑或因指标偏小而影响当地经济发展。

（五）土地用途分区与建设用地空间管制

1. 土地用途分区

土地用途分区又称为土地功能分区，是将区域土地资源根据用途管制需要、经济社会发展客观要求和管理目标，划分出不同的空间区域，并制定各区域土地用途管制规则，通过用途变更许可制度，实现对土地用途的管制。县级和乡（镇）土地利用总体规划需划分土地利用区，明确土地用途。

（1）土地用途分区

乡镇土地规划编制中，一般可划定以下土地用途区：基本农田保护区、一般农地区、林业用地区、牧业用地区、城镇建设用地区、村镇建设用地区、村镇建设控制区、工矿用地区、风景旅游用地区、生态环境安全控制区、自然与人文景观保护区和其他用地区。

（2）土地规划分类

《乡（镇）土地利用总体规划编制规程》中采用三级分类。一级分3类，包括农用地、建设用地、未利用地；二级分13类，包括耕地、园地、林地、牧草地、居民点用地等；三级分54类，包括灌溉水田、旱地、果园、茶园、农田水利用地、养殖水面、荒草地等。

2. 土地用途管制

土地用途管制是目前世界上较为完善且被广泛采用的土地管理制度，包括用地指标管制、现状管制、规划管制、审批管制和开发管制。土地用途管制是政府为保证土地资源的合理利用，为促进经济、社会和环境的协调发展，通过各种方式对土地利用活动进行调节控制的过程，具有法律效力与强制性。

国家实行土地用途管制的目的包括：切实保护耕地，保证耕地总量动态平衡；对基本农田实行特殊保护；开发未利用地，进行土地的整理和复垦；控制建设用地总量，限制不合理利用土地的行为；保护和改善生态环境。

土地用途管制的保障措施包括法律手段、经济手段、规划手段、分区手段以及农用地转用审批制度、规划公示制度和信息监督制度。乡（镇）土地利用总体规划根据土地使用条件为土地利用、农用地转用审批提供依据。通过土地用途的分区管制，各种建设项目用地都必须严格按照土地利用总体规划确定的用途审批用地，严格控制农用地转为建设用地。当土地开发者向符合用途的方向开发利用时，才能颁发土地开发许可证；土地向符合规定的用途转变时，才能向土地开发者颁布土地转用许可证，土地转用许可证是建设用地审批的申报条件之一。

3. 建设用地空间管制

传统的土地利用总体规划是基于土地用途分区的管制规划。土地规划强调耕地保护，划定基本农田，明确各类土地的管制规则及改变土地用途的法律责任，最基层的乡镇土地利用总体规划是用地管理的主要依据。政府对资源配置的干预和调控始终无法决定市场参与主体的行为，也无法代替市场参与主体作出经济行为的决策选择。因此，乡镇土地规划不可能精准确定每一块土地用途，在无法确定"种什么""建什么"的情况下，将规划思路转向"要不要种""能不能建"。

空间管制是对土地发展权在空间上的分配，禁止建设区的土地发展权受到限制，适宜建设区或允许建设区的土地发展权得到体现。空间管制是为了协调城乡发展、资源综合利用、风景名胜区保护与管理、历史文化遗产保护、重大基础设施建设、城市生命线系统安全等方面制定的强制性内容，通过划定非城镇建设用地，避免城镇建设用地在空间的盲目扩张，从而达到保护历史文化遗产、自然生态环境、物种多样性，建设自然生态和城市生态相交融的富有活力和持续发展能力的城乡协调发展格局的目的。

土地规划将"用途管制"的思路进一步延展到建设空间与非建设空间的管制上，从而形成了建设用地"三界四区"，即规模边界、扩展边界、禁止建设边界、允许建设区、有条件建设区、限制建设区、禁止建设区的管控体系。

规模边界指城乡建设用地规模边界，是按照规划确定的城乡建设用地面积指标，划定城、镇、村、工、矿建设用地边界。扩展边界指城乡建设用地扩展边界，是为适应城乡建设发展的不确定性，在城乡建设用地规模边界之外划定城、镇、村、工矿建设规划期内可选择布局的范围边界，扩展边界与规模边界可以重合。禁止建设边界是为保护自然资源、生态、环境、景观等特殊需要，划定规划期内需要禁止各项建设与土地开发的空间范围边界，禁止建设用地边界必须在城乡建设用地规模边界之外。

允许建设区是指城乡建设用地规模边界范围内的土地，是规划期内新增城、镇、村、工矿建设用地规划选址的区域，也是规划确定的城乡建设用地指标落实到空间上的预期用地区；有条件建设区是指为适应城乡建设的不确定性，在城乡建设用地规模边界之外划定的规划期内用于城、镇、村、工、矿建设用地布局调整的范围边界；禁止建设区是指禁止建设用地边界所包含的空间范围，是具有重要资源、生态、环境和历史文化价值，必须禁止各类建设开发的区域；限制建设区是指辖区范围内除允许建设区、有条件建设区、禁止建设区外的其他区域。

第二节　乡村基础设施规划

一、乡村基础设施概述

（一）基础设施的概念及内容

基础设施规划是城乡建设规划的核心内容之一。基础设施是为物质生产和人们生活提供一般条件的公用设施，是城市和乡村赖以生存和发展的基础。广义的基础设施可以分为技术性基础设施和社会性基础设施，技术性基础设施是指为物质生产过程服务的有关成分的综合，为物质生产过程直接创造必要的物质技术条件；社会性基础设施是指为居民的生活和文化服务的设施，通过保证劳动力生产的物质文化和生活条件而间接影响再生产过程。基础设施主要包括交通运输、机场、港口、桥梁、水利及城乡供排水、供气、供电设施和提供无形产品或服务于科教文卫等部门所需的固定资产。

（二）乡村基础设施的定义和内容

乡村基础设施是指为发展农村生产和保证农民生活而提供的公共服务设施的总称。乡村基础设施是为社会生产和居民生活提供公共服务的物质工程设施，是用于保证国家或地区社会经济活动正常进行的公共服务系统，是维持村庄或区域生存的功能系统和对国计民生、村庄防灾有重大影响的供电、供水、供气、交通及对抗灾救灾起重要作用的指挥、通信、医疗、消防、物资供应与保障等基础性工程设施系统。

乡村基础设施是乡村赖以生存发展的一般物质条件，是乡村经济和各项事业发展的基础。在现代社会中，经济越发展，对基础设施的要求越高；完善的基础设施对加速社会经济活动，促进其空间分布形态演变起着巨大的推动作用。

（三）乡村基础设施的分类

基础设施按照其所在地域或使用性质划分为农村基础设施和城市基础设施两大类。农村基础设施主要包括水利、通信、交通、能源、教育、医疗、卫生等方面。

参照我国新农村建设的相关法规文件，农村基础设施可分为农村社会发展基础设施、农业生产性基础设施、农村生活性基础设施、生态环境建设四大类。

（1）农村社会发展基础设施，主要指有益于农村社会事业发展的基础建设，包括农村义务教育、农村卫生、农村文化基础设施等。

（2）农业生产性基础设施，主要指现代化农业基地及农田水利建设。

（3）农业生活性基础设施，主要指饮水安全、农村沼气、农村道路、农村电力等基础设施建设。

（4）生态环境建设，主要指天然林资源保护建设、防护林体系建设、种苗工程建设、自然保护区生态保护和建设、湿地保护和建设、退耕还林等攸关农民吃饭、烧柴、增收等当前生计和长远发展问题。

按农村基础设施的功能用途分类，可划分为市政公用设施和公共服务设施两大类。

市政公用设施包括市政设施和公用设施两方面。市政设施主要包括乡村道路、桥涵、防洪设施、排水设施、道路照明设施；公用设施主要包括公共客运交通设施、供水设施、供热设施、燃气设施等。

公共服务设施是指为居民提供公共服务产品的各种公共性、服务性设施，按照具体的项目特点可分为交通、体育、教育、医疗卫生、文化娱乐、社会福利与保障、行政管理与社区服务、邮政电信和商业金融服务等。

（四）编制乡村基础设施建设专项规划的重要意义

乡村人口比重大，基础设施建设落后，严重影响着农业生产发展和农民生活水平的提高，与建设社会主义新农村及全面实现小康社会目标乡村振兴战略的要求不相适应。因此，编制乡村基础设施建设专项规划，加快乡村基础设施建设显得尤为重要和迫切。各乡（镇）和有关部门要从贯彻落实新发展理念、统筹城乡经济社会发展的高度，充分认识到乡村基础设施建设专项规划编制工作的重要意义，把科学编制乡村基础设施建设专项规划作为乡村振兴战略的基础性工作和切入点，为建设中国式新型乡村提供依据。

（五）乡村基础设施规划原则

1. 指导思想明确

按照《中共中央国务院关于推进社会主义新农村建设的若干意见》要求，以“布局合理、设施配套、功能齐全”为目标，以改善农民生产生活条件、着力加强农民最急需的生产生活基础设施建设为主线，坚持规划先行、因地制宜、试点引路、循序渐进、统筹发展的原则，扎实推进新农村基础设施专项规划编制工作，积极争取资金，加大对农村公益性基础设施的投入，夯实新农村建设基础。

2. 要充分评价基础设施发展潜力

基础设施是农民、农村经济发展的支撑点，是新农村建设的希望所在。要根据乡村资源与环境条件，结合市场需求，通过区域比较优势分析，充分评价基础设施发展潜力，展望发展前景，为制定发展目标提供科学依据。

3. 要因地制宜选择重点建设项目

重点发展项目一定要符合当地客观实际，符合中央、省、市、县、乡的发展扶持方向与要求，充分尊重农民的意愿，发挥农民的主体作用。

4. 要制定有力可行的实施措施

有力可行的政策措施，是规划实施的保障条件。要从明确责任，狠抓落实入手，制定组织、投资（引资、融资）、技术、市场、服务等政策措施，为规划有效实施提供条件保障。

二、乡村基础设施专项分类规划

（一）乡村道路交通规划

1. 公路沿线乡村建设控制要求

公路沿线建设控制范围：乡村建设用地应坚决杜绝沿公路两侧进行夹道开发，靠近公路的村民住宅应与公路保持一定的距离。

公路沿线建设控制要求：在建筑控制区范围内，不得修建永久性建筑；未经批准，不得搭建临时建筑物；严禁任何单位和个人在公路上及公路用地范围内摆摊设点、以街为市、堆物作业、倾倒垃圾、设置障碍、挖沟引水、利用公路边沟排放污物、种植农作物等。

2. 对外联系道路规划要求

对外联系道路，其使用率较高，往返行人和车辆较多，要求路面有足够的宽度，路面承载能力强，路旁绿化程度高，要设有排水沟。通村主干公路工程技术等级应满足各省及地方标准的要求，村庄主入口设标识标牌，设村名标识。主干公路应设立规范的交通指示标牌，并对省级以上旅游特色村和四星级以上农家乐设置指示牌，道路两侧进行美化绿化（图 3–1）。

图 3–1　进出乡村的道路

3. 乡村内部道路

乡村道路等级可按三级布置，即主要道路、次要道路和入户道路。乡村道路宽度：主要道路路面宽度 4.5 ～ 6 米，次要道路路面宽度 3.5 ～ 4.5 米，入户道路 1 ～ 2 米。应根据需求设置地下管线、垃圾回收站、错车道。管线优先考虑在道路两外侧敷设，若车道下需敷设管线，其最小覆土厚度要求为 0.7 米，路基路面可适当加强。如有景观等特殊要求，可适当提高标准，线路尽量在区域内形成环状或有进口和出口，确保交通、安全疏散要求，路面可采用水泥、石、砖等硬化或半硬化材料。

4. 道路照明

路灯一般布置在村庄主次道路的一侧、丁字路口、十字路口等位置，具体形式各村可根据道路宽度和等级确定。一般采用85瓦节能灯，架设高度6米，照明半径25米。路灯架设方式主要采用单独架设方式，可根据现状情况灵活布置。按照可持续发展的要求，有条件的地区可采用太阳能、沼气等新型能源进行发电，但应注意太阳能路灯亮度不均匀，初次投资费用高。在进行路灯造型设计时，应根据村庄独特的地域文化特色，提炼出符合乡村历史发展的文化符号，将其应用于路灯的外形建造（图3–2）。

图3–2　太阳能路灯

5. 道路材料

村庄交通量较大的道路宜采用硬质材料路面，尽量使用水泥路面，少量使用沥青、块石、混凝土砖等材质路面。还应根据地区的资源特点，先考虑选用天然透水材料，如卵石、石板、青砖、砂石路面等，既体现乡土性和生态性，又节省造价。具有历史文化传统的村庄道路宜采用传统的建筑材料，保留和修复现状中富有特色的石板路、青砖路等传统巷道。

6. 停车场

应结合当地社会经济发展情况酌情布置，乡村应考虑配置农用车辆停放场所。机耕道、径等服务于村庄农户生活与农业生产的道路，可根据需要，对路面进行防滑、透水、防尘降尘的处理。

（二）乡村给水工程规划

给水工程规划包括用水量预测、水质标准、供水水源、输配水管网布置等。

各地区综合用水指标可根据《农村生活饮用水量卫生标准》确定。供水水源应与区域供水、农村改水相衔接，有条件的乡村应建设集中供水设施。建立安全、卫生、方便的供水系统。乡村供水水质应符合《生活饮用水卫生标准》的规定，并做好水源地卫生防护、水质检验及供水设施的日常维护工作。选择地下水作为给水水源时，不得超量开采；选择地表水作为给水水源时，其枯水期的保证率不得低于 90%。

应合理开采地下水，加强对分散式水源（水井、手压机井等）的卫生防护，水源周围 30 米范围内不得有污染源，对非新建型新村应清除污染源（如粪坑、渗水厕所、垃圾堆、牲畜圈等），并综合整治环境卫生。在水量保证的情况下可充分利用水塘等自然水体作为乡村的消防用水，或设置消防水池安排消防用水。

（三）乡村排水工程规划

排水工程规划包括确定排水体制、排水量预测、排水系统布置、污水处理方式等。排水体制一般采用雨污分流制，条件有限的新村可采用合流制。污水量按生活用水量的 80% 计算。雨水量参考附近城镇的暴雨强度公式计算。

布置排水管渠时，雨水应充分利用地面径流和沟渠排放；污水应通过管沟或暗渠排放，雨水、污水管（渠）应按重力流设计。污水在排入自然水体之前应采用集中式（生物工程）设施或分散式（沼气池、三格化粪池）等污水净化设施进行处理。城镇周边和邻近城镇污水管网的村庄，距离污水处理厂干管 2 千米以内的，应优先选择接入城镇污水收集处理系统统一处置；居住相对集中的规划布点村庄，应选择建设小型污水处理设施相对集中处理；对于地形地貌复杂、居住分散、污水不易集中收集的村庄，可采用相对分散的处理方式处理生活污水。

（四）乡村供电工程规划

（1）供电工程规划应包括预测村所辖地域范围内的供电负荷，确定电源和电压等级，布置供电线路和配置供电设施。

（2）乡镇供电规划是供电电源确定和变电站站址选择的依据，基本原则是线路进出方便和接近负荷中心。重要公用设施、医疗单位或用电大户应单独设置变压设备或供电电源。

（3）确定中低压主干电力线路的敷设方式、线路走向和位置。

（4）配电设施应保障村庄道路照明、公共设施照明和夜间应急照明的需求。

（五）乡村电信工程规划

（1）邮电工程规划应包括确定邮政、电信设施的位置、规模、设施水平和管线布置。

（2）电信设施的布点结合公共服务设施统一规划预留，相对集中建设。电信线路应避开易受洪水淹没、河岸塌陷、土坡塌方以及有严重污染等地区。

（3）确定镇—村主干通信线路铺设方式、具体走向和位置；确定村庄内通信管道的走向、管位、管孔数、管材等，电信线路敷设宜采用地下管道敷设方式，鼓励有条件的村庄在地下敷设管线。

（六）乡村广电工程规划

有线电视、广播网络应尽量全面覆盖乡村，其管线应逐步采用地下管道铺设方式，有线广播电视管线原则上与乡村通信管道统一规划、联合建设。新村道路规划建设时应考虑广播电视通道位置。

（七）乡村新能源的利用

保护农村的生态环境，大力推广节能新技术，实行多种能源并举。积极推广使用沼气、太阳能和其他清洁型能源，构建节约型社会，逐步取代燃烧柴草与煤炭，减少对空气环境的污染和对生态资源的破坏；大力推进太阳能的综合利用，可结合住宅建设，分户或集中设置太阳能热水装置。

（八）乡村环境卫生设施规划

村庄生活垃圾处理坚持资源化、减量化、无害化原则，合理配置垃圾收集点，垃圾收集点的服务半径不宜超过 70 米，确定生活垃圾处置方式。积极鼓励农户利用有机垃圾作为有机肥料，逐步实现有机垃圾资源化。城镇近郊的新村可设置垃圾池或垃圾中转设施，由城镇环卫部门统一收集处理。垃圾收集点、垃圾转运站的建设应做到防渗、防漏、防污，相对隐蔽，并与村容村貌相协调。

结合农村改水改厕，无害化卫生厕所覆盖率达到 100%；同时结合村庄公共服务设施布局，合理配建公共厕所。1000 人以下规模的村庄，宜设置 1 ～ 2 座公厕，1000 人以上规模的村庄，宜设置 2 ～ 3 座公厕。公厕建设标准应达到或超过三类水冲式标准。村庄公共厕所的服务半径一般为 200 米，村内和村民集中活动的地方要设置公共厕所，每座厕所最小建筑面积不应低于 30 平方米有条件的乡村可规划建设水冲式卫生公厕（图 3–3）。

图 3–3　乡村公共厕所

第三节　乡村公共服务设施规划

一、乡村公共服务设施均等化

中国的乡村地域广阔，在地理条件、物产种类、历史文化、经济发展等方面与城市有着明显差异。就公共服务设施而言，存在城乡公共服务设施不均等化的问题，其主要表现在公共服务设施规模、公共服务设施服务半径和公共服务设施类别不均等化三个方面。实现城乡公共服务设施均等化，不仅仅要求乡村在公共服务设施配置类别、服务半径、规模等方面制定适宜标准，更多的是落脚于实现乡村和城市在公共服务设施使用上的均等化。

（一）公共服务设施概念

1. 科学内涵

国家社会经济的稳定、社会正义和凝聚力，保护个人最基本的生存权和发展权，是实现人的全面发展所需要的基本社会条件。

公共服务设施是满足人们生存所需的基本条件，政府和社会为人民提供就业保障、养老保障、生活保障等；满足尊严和能力的需要，政府和社会为人们提供教育条件和文化服务；满足人们对身心健康的需求，政府及社会为人们提供健康保证。

2. 基本类型

（1）行政管理类

包括村镇党政机关、社会团体、管理机构、法庭等。以前通常把官府放在正轴线的中心位置，显示其权威，然而现代的乡村规划中常常把它们放在相对安静、交通便利的场所。随着体制的不断完善，现在的行政中心多布置在乡村集中的公共服务中心处。

（2）商业服务类

包括商场、百货店、超市、集贸市场、宾馆、酒楼、饭店、茶馆、小吃店、理发店等。商业服务类设施是与居民生活密切相关的行业，是乡村公共服务设施的重要组成部分。通常在聚居点周围布置小型生活类服务设施，在公共服务中心集中布置规模较大的综合类服务设施。

（3）教育类

包括专科院校、职业中学与成人教育及培训机构、高级中学、初级中学、小学、幼儿园、托儿所等。教育类公共服务设施一直以来都占有重要位置，它的发展在一定程度上也影响着乡村的发展状况。

（4）金融保险类

包括银行、农村信用社、保险公司、投资公司等。随着我国经济的发展，金融保险行业将在公共服务中显得越来越重要。

（5）文体科技类

包括文化站、影剧院、体育场、游乐健身场、活动中心、图书馆等。根据乡村的规模不同，设置的文化科技设施数量规模也有所不同。现今，乡村的文体科技类设施比较缺乏，这是由于文化、体育、娱乐、科技的功能地位没有受到重视所导致的。随着乡村的进一步发展，地方特色、地方民俗文化的发掘将会越来越重要。文体科技类设施的规划可结合乡村现状分散布置，也可形成文体中心，成组布置。

（6）医疗卫生福利类

包括医院、卫生院、防疫站、保健站、疗养院、敬老院、孤儿院等。随着村民对健康保健的需求不断增加，在乡村建立设备良好、科目齐全的医院是很有必要的。

（7）民族宗教类

包括寺庙、道观、教堂等，特别是少数民族地区，如回族、藏族、维吾尔族等地区，清真寺、喇嘛庙等在乡村规划中占有重要的地位。随着旅游业不断升温，对古寺庙的保护与利用需要特别关注。

（8）交通物流类

包括乡村的内部交通与对外交通，主要有道路、车站、码头等。人流物流有序的流动也是乡村经济快速发展的重要基础。我国乡村交通设施一直以来相对落后，造成该现状的原因有很多，国家也在加紧建设各类交通设施。

（二）城乡统筹下乡村公共服务设施均等化的发展

与城市公共服务设施相比，乡村地区的公共服务设施配置在规模、服务半径、种类量化上，反映出城乡的不均等化。为实现城乡统筹规划下乡村公共服务设施的均等化，首先，要在乡村地区满足农民享受公共设施服务半径的均等化；其次，满足农民享受多种公共设施项目的均等化；最后，满足农民享受公共设施规模上的均等化。

1. 分级别——公共服务设施全覆盖

根据镇域乡村体系层次的划分情况，自上而下可分为中心镇、一般镇、中心村和基层村。乡在我国行政等级体系中相当于一般镇，中心镇则表示规模相对较大的镇区，其布置要求首先需要满足乡村地区人口需求，也要与其职能相适应，在不同级别下要有不同的服务半径。乡村公共服务设施服务半径的空间全覆盖是一个必然的趋势。村民所享受公共服务设施平等性，与其所处人口密度、地区经济相互关联。自国家在乡村公共服务设施上实行均等化制度后，农民与农民之间享受公共服务设施机会的平等性得以加强。乡村需要按照不同人口规模分级来配置公共设施，对乡村人口规模进行分级，才能实现公共服务设施在乡村地区的全覆盖，才能进一步满足村民在公共服务设施上的均等化要求。

2. 分类别——公共服务设施全方位

公共服务设施的类别有很多种，包括行政管理、教育机构、文体科技类等。在保证各类公共服务设施使用方便的情况下，结合乡村公共服务设施现状调查，乡村可以采用就近原则，分散布置与村民日常生活紧密相关、使用频率较高的公共服务设施，集中布置规模较大、综合性较强的公共服务设施，以体现公共服务设施便民性。

二、乡村公共服务设施规划的原则与方法

（一）乡村公共服务设施规划的理念与原则

1. 城乡统筹发展原则

乡村公共服务设施规划属于村庄规划的一部分，应当顺从统筹规划趋势，协调并利用城市设施资源，合理配置，从而实现资源的共享和综合利用，实现城乡公共服务设施的一体化。

2. 以人为本原则

公共服务设施的布局需要考虑城乡居民点布局和城乡交通体系规划，以现实条件为基础，改善乡村中那些基本的以及急需的公共服务设施，同时还需要注意贴近村民，使村民的乡村生活更加便捷，从而创造美好的人居环境，为乡村振兴创造条件。

3. 近期与远期兼顾原则

在考虑当下对公共服务设施需求时，需考虑乡村地区未来人口分布变化、城乡人口趋于老龄化和农村人口逐渐向城镇转移的趋势。

4. 因地制宜原则

参照地区相关标准，结合现实条件与发展趋势，规划有特色的公共服务设施种类与方案，在规划布局上不宜照搬其他地区模式，以免造成千村一面的局面。

5. 集中布置原则

乡村公共服务设施应布置在村民聚居点处，同时需要考虑各个公共服务设施之间的相互联系，将各类设施集中布置以利于让公共服务设施与村民生活紧密结合在一起。如文化体育设施、行政管理设施可适当结合乡村的公共绿地和公共广场集中布置，从而形成公共服务中心，为村民的休闲、娱乐、体育锻炼、交流等各方面的需求提供便利。

（二）乡村公共服务设施规划的布局与方法

乡村公共服务设施规划的布局不仅仅是物质空间的布置问题，还包括对国家对乡村公共服务体制的改革，以及财政管理、行政管理体制的改革。因此，在进行乡村公共服务设施规划时，需要结合国家现行的规范标准及规划编制方法等。

1. 空间布局指引

（1）优化配置

选择相应级别的公共服务设施类型，按适宜的规模进行优化配置。政府管理机构、学校、医疗设施等公共服务设施是分级设置的，相应的分级配置标准应因地制宜，需要基于地方需求合理分配。福利院、老人活动中心、文化站、图书馆等公益性设施则有明确的分级标准。商业服务、休闲娱乐设施可参照标准进行配置，但也需要根据乡村具体性质与市场需求灵活调整。

（2）合理的服务半径

服务半径的确定需要与乡村的管理体制改革相结合。特别是管理型、公益型的公共服务设施，它的分级配置不同，其服务半径也不同。例如，中学和小学的服务半径，面向的区域范围不同，其标准也不同。

（3）配合交通组织

各类公共服务设施的位置选择、规模大小、服务对象与交通组织密切相关。例如，行政管理机构需位于交通便利的位置，以方便公务的执行；商业服务类由于经营的范围不同，对客货车流量应分别考虑；过境路宜迁移至乡村边缘，而商业服务设施宜布置在生活性道路两侧。

（4）突出地方特色

乡村的公共服务设施一般位于其最重要的位置，它的规模大小、集中程度，往往能够展现乡村的主要风貌特色，所以应结合乡村绿化、景观系统规划，在公共服务设施布局中重视景观节点的作用，并结合主要道路、街景设计、建筑风格设计，充分发掘当地特色，使乡村风貌规范化、特色化、整体化。

（5）开发强度控制

乡村公共设施的规划要从建设的可行性出发，因地制宜，控制开发强度。

2. 商业服务类布局方法

（1）街道式布局

可分为三种形式：

①沿主要道路两旁呈线形布置

乡村的主干道居民出行方便，中心地带商业集中，有利于街面风貌的形成，加之人流量大、购买力集中，容易取得较高的经济效益。沿街道两侧线形布置，需要考虑公共服务设施的使用功能相互联系，在街道的一侧成组布置，避免行人频繁穿越街道的情况。这种布局的缺点是存在交通混乱的隐患，可能会出现行人车混行、商家占道经营等问题，导致交通堵塞，引发交通事故。

②沿主干道单侧线形布置

将人流大的公共建筑布置在街道的单侧，另一侧建少量建筑或仅布置绿化带，即俗称的“半边街”，这样布置的景观效果更好，人车流分开，安全性、舒适性更高，对于交通的组织也方便有利。当街道过长时，可以采取分段布置，并根据不同的“休息区”设置街心花园、休憩场所，与“流动区”区分开来，闹静结合，使街道更有层次。这种布局的缺点是流线可能会过长，带来不便。它适用于小规模、性质较单一的商业区。

③建立步行街

步行街宜布置在交通主干道一侧。在营业时间内禁止车辆通行，避免安全问题的发生。这种布局中街道的尺寸不宜过宽，旁边建筑的高宽必须适度。

（2）组团式布局

这是乡村公共服务设施规划的传统布置手法之一，也就是在区域范围内形成一个公共服务功能的组团，即市场。其市场内的交通，常以网状式布置，沿街道两旁布置店面。因为相对集中，所以使用方便，并且安全，形成的街景也较为丰富，如综合市场、小型剧场、茶楼商店等。

（3）广场式布局

在规模较大的乡村，可结合中心广场、道路性质、商业特点、当地的特色产业形成一个公共服务中心，同时也是景观节点。结合广场布置公共服务设施，大致可分为三类：一是三面开敞式，广场一侧有一个视觉景观很好的建筑，与周围环境的自然景观相互渗透、融合，形成有机的整体；二是四面围合式，适用于小型广场，以广场为中心，四面建筑围合，其封闭感较强，宜做集会场所；三是部分围合式，广场的临山水面作为开敞面，这样布置有良好的视线导向性，景观效果较好。

3. 行政管理类布局方式

行政办公建筑一般位于乡村的中心交通便利处，有的也将办公建筑布置在新开发地区以带动新区经济、吸引投资。它们的功能类型、使用对象相对单一，布置形式大致有两种：

（1）围合式布局

以政府为主要中轴线，派出所、建设部门、土地管理部门、农林部门、水电管理部门、市场监管部门、税务部门、粮食管理部门等单位围合布置。

（2）沿街式布局

沿街道两侧布置，办公区相对紧凑，但人车混行，容易造成交通拥堵；沿街道一侧布置，办公区线型容易过长，不利于办事人员使用，但是有利于交通的组织。另外行政管理类设施周围不宜布置商业服务类设施，以避免人声嘈杂，影响办公环境。

4. 教育类布局方式

（1）幼儿园的布局方式

幼儿园是人们活动密集的公共建筑，需要考虑家长接送幼儿的方便快捷，对周围环境的要求较高，需布置在远离商业、交通便利、环境安静的地方。同时，在考虑儿童游戏场地时，需注意相邻道路的安全性。一般采用的布局方式有：集中在乡村中心、分散在住宅组团内部、分散在住宅组团之间。

（2）中小学的布局方式

小学的服务半径不宜大于500米，中学的服务半径不宜大于1000米。要临近乡村的住宅区，又要与住宅有一定间隔，避免影响居民的生活环境，可布置在乡村街道的一侧、乡村街道转角处、乡村公共服务中心等。

5. 文体科技类布局方式

文体科技类的公共服务设施一般人流较集中，在布局时需要有较大的停车场，建筑形式上应丰富而有层次，能够体现当地的文化、民俗特色，建筑的规模大小应根据乡村的规模相应设定。

6. 医疗保健类布局方式

这类设施对环境要求较高，布置方式较为单一。卫生院包括门诊部和住院部，门诊部的设计需要考虑供人流疏散的前广场，住院部则要求环境良好、安静、舒适。敬老院的布置需要考虑室外的活动区、老人休息区，要求远离嘈杂地区、日照良好。

第四章　乡村道路景观与乡村水域景观规划

对于村庄景观来说，道路和水利是两个重要的组成部分。村庄道路是村庄经济发展的动脉。加快村庄道路的建设，对提高村庄居民的生活水平、促进区域经济发展有着十分重要的战略意义。建设生产发展、生活宽裕、乡风文明、村容整洁、管理民主的新农村建设的“二十字目标”对农村水利提出了新的要求，农村水利不仅要承担保障农业生产等基础职能，更要担负起提高村民生活品质的重任。水体是农村景观的重要组成部分，进行农村水景观的营造是实现村容整洁、促进乡风文明的重要内容，是关系新农村建设成败的大事。

第一节　乡村道路景观规划

村庄道路是指主要为乡村（镇）经济、文化、行政服务的公路以及不属于县道以上公路的乡与乡之间及乡与外部联络的公路。村庄道路涵盖的范围比较广，不论何种等级的道路，只要位于村庄地域范围内，都应该作为村庄道路景观规划设计的对象。

一、乡村道路景观的构成要素

（一）人的视觉角度

村庄道路景观包含以下三个层次：

1. 近景

道路两侧的绿化景观，对于不同等级的村庄道路，由于车速不同，一般在距路边 20 ～ 35 米的范围内属于近景。

2. 中景

田园景观包括农业景观和村庄聚落景观，它们共同构筑了以村庄田园风貌为基调的景观空间，这是道路上流动视点所涉及的主体景观，对于车速较快的高等级村庄道路更是如此。

3. 远景

山地景观是以山体和绿化为主的自然景观，作为道路沿线的视觉景观背景。

村庄道路景观的近景完全可以通过景观规划设计来实现。村庄道路景观的中景和远景虽然可以通过道路选线来达到一个比较理想的效果，但同时受到道路途经地区的地质、经济和生态等条件的制约，无法完全兼顾。

（二）景观生态学的角度

根据村庄道路所经过的区域，可以划分出以下四种景观类型：

1. 自然景观

如风景区、自然保护区等。

2. 半自然景观

如林地景观、灌丛草坡地景观、河漫滩景观等。

3. 农业景观

如水田景观、旱地景观、果园景观、盐田景观等。

4. 人工建筑景观

如以村庄居民地为主的村镇景观、矿区景观等。

二、乡村道路景观规划的原则

（一）立足本土原则

村庄道路景观不同于城市街景，其主体是以自然环境和田园环境为背景的村庄景观。不同的地域，其地形、地貌、植被和建筑风格等又各不相同，因此，道路景观规划设计要因地制宜，使之成为展现道路沿线地域文化和村庄景观的窗口。

（二）避免损害原则

村庄道路景观规划应保护村庄景观格局及自然过程的连续性，避免割断生态环境空间或视觉景观空间。对旅游风景区、原始森林保护区、野生动物保护区以及文物保护区等自然景观，应避开受保护的景观空间。对自然生态景观空间（如河流、小溪、草原、沼泽地）和视觉景观空间（如村庄、集镇等村庄聚落），要避免从中间经过，切断它们之间的联系。

（三）确保安全原则

任何等级和使用性质的村庄道路的首要前提是满足安全的要求，缺乏行车安全的道路，再怎么谈论景观都是毫无意义的。安全性不只是道路本身设计的问题，道路景观也会间接地影响道路的安全性，如沿线景观对司机视线或视觉的影响，因此安全性是道路景观规划设计的前提和基础。

（四）保护环境原则

村庄道路景观建设应尊重自然，服从生态环保要求，结合生态建设和环境保护，弥补和修复因道路主体建设所造成的影响和破坏，并通过景观生态恢复达到村庄地区自然美化的目的。

（五）通描考虑原则

村庄道路景观规划设计同其他建设密切配合，把道路本身、附属构造物、其他道路占地以及路域外环境区域看成一个整体，全盘考虑，统一布局。

第二节　乡村水域景观规划

传统农田水利偏重灌溉、防洪、排涝等方面内容，加之长期以来的城乡二元化发展模式，使得农村水景观的营造缺少必要的理论基础和实践经验。农村水景观的研究涉及水利、环境、景观、生态等多学科、全方位的问题。研究农村水景观的目的就在于寻找适宜的理论和方法来解决农村水景观建设过程中的问题。

一、乡村水域景观规划的理论探析

（一）乡村河流水体的功能

1. 供水灌溉功能

农村河流水塘是农村自然的重要构成，河流水体中的水源是农村生产生活的重要基础物质。农村居民在应用自来水前的生活用水全部来源于此。即使在实现区域供水的地区，居民们还保留着大量使用河流水塘中的水洗漱的习惯。农村的河流水体更是农业生产灌溉的重要水源。

2. 蓄洪除涝功能

作为穿越农村、沟通农村与外部水系的流动介质，蓄泄洪涝是农村河流的重要功能，是农村自然循环的重要组成部分。但在现代农业技术普及的过程中，农村人口向城市转移，大量化肥、农药的使用使得农村水体污染严重。由于一些水利工程与交通工程的兴建以及经济发展与水争地，许多河道被填埋，河道被束窄，河网被分割，河流正常的自然循环过程被打乱，河道输水能力及调蓄能力降低，严重影响了河流蓄泄洪涝功能的发挥。近几年开展的河道疏浚就是为了解决这一问题，并取得了巨大的成效。

3. 生态功能

与河流生态功能密切相关的因素是连通性、河流宽度和水质。河流是一个完整的连续体，上下游、左右岸构成一个完整的体系。连通性是评判河道或缀块区域空间连续性的依据。高度连通性的河流对物质和能量的循环流动以及动物和植物的生存极为重要。从横向上讲，河流宽度指横跨河流及其临近的植被覆盖地带的横向距离。影响宽度的因素包括边缘条件、群落构成、环境梯度以及能够影响临近生态系统的扰乱活动。

河流的生态功能包括栖息地功能、通道功能、过滤与屏障功能以及源汇功能等。

（1）栖息地功能

栖息地功能很大程度上受到连通性和宽度的影响。在河道范围内，连通性的提高和宽度的增加通常会提高该河道作为栖息地的价值。

栖息地为生物和生物群落提供生命所必需的一些要素，如空间、食物、水源以及庇护所等。河流可以为诸多物种提供适合生存的条件，它们利用河道进行生长、繁殖以及形成重要的生物群落。

河道一般包括两种基本类型的栖息地结构：内部栖息地和边缘栖息地。内部栖息地具有相对更稳定的环境，生态系统可能会在较长的时期保持着相对稳定的状态。边缘栖息地是两个不同的生态系统之间相互作用的重要地带，处于高度变化的环境梯度之中，相比内部栖息地环境，有着更丰富的物种构成和个体数量。

（2）通道功能

通道功能是指河道系统可以作为能量、物质和生物流动的通路。河道由水体流动形成，又为收集和转运河水沉积物服务。还有很多其他物质和生物群系通过该系统进行移动。

河道既可以作为横向通道，也可以作为纵向通道，生物和非生物物质向各个方向移动和运动。有机物物质和营养成分从高处漫滩流入低洼的漫滩而进入河道系统内的溪流，从而影响到无脊椎动物和鱼类的食物供给。对于迁徙性野生动物和运动频繁的野生动物来说，河道既是栖息地，也是通道。生物的迁徙促进了水生动物与水域发生相互作用。因此，连通性对于水生物种的移动是十分重要的。

河流通常也是植物分布和植物在新的地区扎根生长的重要通道。流动的水体可以长距离地输移和沉积植物种子。在洪水泛滥时期，一些成熟的植物可能也会连根拔起、重新移位，并且会在新的地区重新沉积下来存活生长。野生动物也会在整个河道系统内的各个部分通过摄食植物种子或是携带植物种子而促进植物的重新分布。

河流也是物质输送的通道。结构合理的河道会优化沉积物进入河流的时间和供应量，以达到改善沉积物输移功能的目的。河道以多种形式成为能量流动的通道。河流水流的重力势能不断雕刻着流域的形态。河道可以充分调节太阳光照的能量和热量，进入河流的沉积物和生物通常是来自周围陆地，携带了大量的能量。宽广的、彼此相连接的河道可以起到一条大型通道的作用，使得水流沿着横向方向和河道的纵向方向都能进行流动。

（3）过滤和屏障功能

河道的过滤器和屏障作用可以减少水体污染，最大限度地减少沉积物转移。

影响系统屏障和过滤作用的因素包括连通性和河道宽度。物质的输移、过滤或者消失，总体来说取决于河道的宽度和连通性。一条相互连接的河道会在其整个长度范围内发挥过滤器的作用，一条宽广的河道会提供更有效的过滤作用，这使得沿着河道移动的物质也会被河道选择性地滤过。在这些情况下，边缘的形状是弯曲的还是笔直的，将会成为影响过滤功能的最大因素。

河道的中断缺口有时会造成该地区过滤作用的漏斗式破坏损害。在整个流域内，向大型河流峡谷流动的物质可能会被河道中途截获或是被选择性滤过。地下水和地表水的流动可以被植物的地下部分以及地上部分滤过。

（4）源汇功能

源汇功能是为其周围流域提供生物、能量和物质。汇的作用是不断地从周围流域中吸收生物、能量和物质。

河岸和泛滥平原通常是向河流中供给泥沙沉积物和吸收洪水的“源”。当洪水在河岸处沉积新的泥沙沉积物时，它起到“汇”的作用。在整个流域规模范围内，河道是流域中其他各种斑块栖息地的连接通道，在整个流域内起提供原始物质的“源”的作用。

另外，河道又是生物和遗传基因的“源”和“汇”。由于河道具有丰富的物种多样性，很多生物在此处聚集，在此繁殖、生长，一些生物长成后，迁移至别处生存，因此此处又是生物的“源”。

4. 景观功能

河流景观是农村景观的重要组成部分。农村河流具有空间的方向性，是村落田野的坐标。蜿蜒曲折的河流勾勒出美丽的村落与田园格局。丘陵山区的潺潺流水，平原地区密如蛛网的水系，强烈地影响着区域与村落的个性。河流中的物产与当地居民的生活生产形态长期以来形成密切的关系，构造着地域的文化背景。河流勾连着村庄与田野，在这一连续性体系中，形式各异甚至带有特殊文化内涵及历史意义的水上桥梁是重要的焦点景物。沿河高低错落的植物又是河流景观的另一重要组成部分，描绘着河流的边界与走向，共同形成怡人的河流景观。

5. 休闲与应急功能

农村水系是一个公共的绿色开放空间，丰富多变的水体形态与滨水空间可以供人们休闲娱乐；清新的空气能够调整人们的精神和情绪；动植物的共生共存让人们体味大自然的丰富与美丽；与水有关的历史文化遗迹可以让人们凭吊；以水为载体的水上活动不仅具有强身健体的功能，而且具有放松身心的作用。

村庄一般离消防站的距离较远，村庄若发生火灾，消防队很难在较短时间内赶到火灾现场。许多时候，水源也是灭火救灾的制约因素。居住区中适当保留的水系能够为灭火救灾提供就近的水源，为居民自救提供可能。如果出现自来水供水安全事故，水系中的蓄水还可以用作备用水源。

（二）乡村水景观的构成

景观要素是景观结构和功能的基础。农村水景观的多功能性源于景观要素的多样化。充分利用和合理配置各类景观要素，是农村水景观建设过程中的重要任务。根据景观元素的存在形态不同，可将其分为物质要素和文化要素两大类。物质要素主要指有形的自然物或者人造物，包括水体自身，与水相关的植物、动物及水边建筑等；文化要素是无形的思想观念、文化认知、价值取向等。

1. 物质要素

（1）水体

水体是构成水景观最基础和根本的物质要素，也是水景观各项生态服务功能得以实现的核心要素。水是自然生态系统中不可或缺的要素。水体的美学元素包括形态、质、量、音、色各方面，给人以视觉、听觉、嗅觉、触觉多方位的审美享受。水体还能使人产生心理的共鸣，平静的水面使人心境平和，潺潺细流令人温馨、愉悦，汹涌的水浪使人激情澎湃。

①水的形态

水本身并没有固定的形态，但是其“盛器”的大小、形状、结构的变化使得水体具有多姿的形态。农村水体形态的形成主要受两个方面的作用：一是自然力的作用，包括地质运动、水力等，这类水体形态通常具有不规则的边界，自然曲折；二是人力的作用，为满足一定的生产、生活需要，借助特定的工具或者条件形成，人工水体的形态趋于规则，表现出规整的格律美。

②水的品质

水质是关系水体各项生态服务功能实现的根本特性，不仅影响着水体在视觉、嗅觉等方面的审美体验，更关系着水系在供水、生物多样性保护等方面的功能。因此，良好的水质是农村水景观建设的基础和保障。洁净是水所具有的本质生态美。水能洗涤万物，还万物以清新洁净的面貌。水的这种清洁纯净也成为人格精神和心灵境界的象征，为人们所推崇。洁净的水更是滋养万物的源泉，为各类动植物提供了良好的生存环境，为人类的生产、生活提供了必要的物质保障。由此可见，水质的改善是水景观建设的必要前提。

③水的声音

水流的运动形成水声，不同的水流方式产生各自独特的音响效果。这些音响效果能够唤起人们不同的情绪，传达了听觉上的感官享受。水的音律美具有以心理时空融会自然时空的特点，即人们听到潺潺的流水声，往往会联想到清澈的溪水，进而体验到身处小溪边的愉悦感受。

④水的动态

流动是水的重要“性格”特征，是水体具有音律美的前提，也是水体实现自净能力的重要手段。水流动的特性使水具有活的生命，充满灵性；也使水体具有超出其盛器范围的多姿多彩的形态。流水还使泛舟、放河灯等涉水活动成为可能，增加了水景观的参与性。在实现生态系统服务功能方面，流水不仅有助于物质、能量在空间上的转移，也有助于水生动植物的繁衍和迁徙，促进自然生态系统的发展和演化。因此，保持水体的流动特征也是水景观建设的重要内容。

（2）植物

水景观本是无生命的，而动植物的存在赋予了景观生命力，使其成为动与静相结合的景观综合体。植物是天然的生产者，为自然界的生物循环提供了营养物质，是水景艺术美规律构成的关键要素，具有柔化硬质景观、丰富空间层次、标志季节更替、营造意境氛围等作用。

自然界中植物的种类多种多样，根据生长环境的不同，可大致分为陆生植物和水生植物。

陆生植物根据植株的形状、大小等特性，主要分为以下四种：

第一，乔木。树体高大，有一个直立的主干，如玉兰、白桦、松树等。

第二，灌木。相对乔木体形较矮小，没有明显的主干，常在基部发出多个枝干，如玫瑰、映山红、月季等。

第三，草本植物。茎内木质细胞较少，全株或地上部分容易萎蔫或枯死，如菊花、百合、凤仙等。

第四，藤本植物。茎长而不能直立，靠依附他物横向或纵向生长，如牵牛花、常青藤等。

生长在水中或湿土壤中的植物通称为水生植物。水生植物主要包括以下四种：

第一，挺水植物。挺拔高大，花色艳丽，绝大多数有茎叶之分，下部或基部沉于水中，根或地茎扎入泥中生长发育。

第二，浮叶植物。一般根状茎发达，花大，色彩艳丽多姿，叶色变化多端，无明显地上茎或茎细弱不能直立，有根在泥中不随风飘移。

第三，漂浮植物。根不生在泥中，植株漂浮在水面之上，多数不耐寒。

第四，沉水植物。根茎生于泥中，整个植株沉入水体中，通气组织特别发达，利于在水中空气极少的环境下进行气体交换。

①植物的生态学价值

在农村水景观中，植物具有突出的生态学价值。作为自然界的生产者，植物保证自然生物循环的正常进行。各类水生或陆生的植物在改善空气质量、防治水土流失、净化水体等方面具有良好的功效。

在净化空气方面，他们不仅能通过光合作用和基础代谢，吸收二氧化碳，释放氧气，还能对空气中的有毒气体起到分解、阻滞和吸收的作用。植物的叶片还能吸附粉尘，一部分颗粒大的灰尘被树木阻挡而降落，另一部分较细的灰尘则被树叶吸附，这样就提高了空气的洁净度。

在防治水土流失方面，研究证实，草灌植被的繁生可以强化土壤抗冲性、土壤通透性和蓄水容量，增加入渗，减少超渗径流，防止冲刷，尤为重要的是草灌植被可以分散或消除上方袭来的水流，增加坡面径流运动阻力，削弱径流侵蚀能力，进而减少当地的水土流失。

在净化水体方面，水生植物可以吸附水中的营养物质及其他元素，增加水体中的氧气含量，抑制有害藻类大量繁殖，遏制底泥营养盐向水中的再释放，以维持水体的生态平衡。其机理主要是通过自身的生命活动将水中的污染物质转化为自身的有机质，同时通过光合作用产生氧气，增加水中的溶解氧，从而改善水质。

②植物的美学价值

早在人类诞生以前，各种植物就为地球穿上了绿装。植物的存在往往能使原本单调、无生机的静态景物显得生机勃勃。植物的美学价值体现在其三大性质上：

第一性质即原始性质，是与物体完全不能分离的，如植物的大小、形态、季相变化等特征，这丰富了景观在时间和空间上的层次。利用植物本身的枝干、冠幅等，可以构成不同的平面，形成或开放、或独立的景观空间。植物的季相特征不仅体现在不同植物对生长季节的选择上，也体现在同种植物春华秋实的季节变化规律上，这增加了景观在时间序列上的丰富度。

第二性质是能借助第一性质在人们心中产生各种感觉的能力，作用于人的感觉、心灵，如植物的色彩、质地等。植物拥有美丽的色彩、美妙的芳香以及特有的质地，给人们带来视觉、嗅觉、触觉全方位的审美享受。人们对植物的欣赏是生理需求和心理需求的结合。植物的色调主旋律——绿色，具有抚慰视觉乃至心灵的特殊审美作用。一方面，由于绿色在明度上处于中性偏暗的层面，对人的刺激甚微，具有阴柔温顺的性格美；另一方面，人类在现实生活中形成了视觉适应心理，即人类自诞生以来就生活在绿色空间的怀抱中，绿色给人安全、舒适的感受。

第三性质是同历史、文化所适应的事物的象征精神。自先秦的理性主义精神，人们对自然美的观照就同人的伦理道德互渗互补，融合在一起，把自然景象看作人的某种精神品质的对应物。作为文化的积淀，景观中植物的配置可以促进社会伦理道德观念的传扬，洗涤人们的心灵。

（3）建筑

建筑是人类改造自然界最突出的表现形式，是人们为满足生存、发展需要而构建的物质空间。建筑的格局和形式因时、因地而异，它是人们审美情趣、道德取向最集中的体现，也在很大程度上反映了人的精神需求以及对自然的态度。

第一，住宅结构。随着农村经济条件的改善，村庄住宅的建筑材料已经由传统的木结构转变为砖、石结构，建筑形式也由原来的平房转变为以两层为主的楼房。农村住宅的结构和形式一般在较长时间内相对稳定，这又体现了当时村民的审美观念和生活品质。因此，农村水景观的营造要尽量使景观同周围建筑相协调，以提升农村居民的居住环境水平。

第二，村庄住宅布置形式。乡村住宅布置多采用行列式或周边式。行列式布置的住宅建筑多为平行排列，一般坐北向南，便于采光。周边式住宅多围绕一中心，各个建筑同样采取坐北朝南的格局。

村庄住宅的这两种布置形式在很大程度上受到水体形态的影响，一般居住区内的水体形态多为直线形或块状。为取水之便，人们临水而居，就形成行列式或周边式的居住形态。

（4）动物

动物的景观效果是通过生活习性、本能行为实现的。在农村水景观中，动物既是重要的景观要素，又是景观营造的服务对象。景观营造的目的之一就是满足各种动物生存和发展的需求。

（5）桥

桥作为水上建筑物，既是水景观中不可缺少的要素，也是重要的观景点。

在实用功能上，桥是沟通水体两岸的连接建筑物，不仅为人们的生活提供方便，更为动物的迁徙提供了越水通道。

在景观功能上，桥的结构、材料、形态等都是水景观的重要组成部分。又因桥凌驾于水面的特殊位置，使它近水而非水、似陆而非陆、架空而非空，是水、陆、空三维的交叉点，成为很好的景观观赏点。

2. 文化要素

每个社会都有与之相适应的文化，并随着社会物质生产的发展而发展。文化作为一个世界性的话题，人们的世界观、价值观、道德观等无不受文化的影响。水文化是人们在从事水务活动中创造的以水为载体的各种文化现象。农村因其特殊的生产、生活环境，形成朴素而丰富的水文化，而在城市化进程加快、社会意识急剧变化的今天，农村水文化在居民生活方式都市化、村庄整体景观现代化的冲击下，面临着尴尬的境地。保护和挖掘水文化是农村水景观建设的应有之义。

（1）诗文传说

第一，诗文。水之清澈使其成为真、善、美的象征，水景观也成为自古文人墨客歌颂的对象和灵感源泉。自古以来，因水而为的诗歌数不胜数。诗人赞叹水景之奇、之美，也将水作为人格精神的折射和心灵意境的反映。儒家将水比作智者，孔子曰："知者乐水，仁者乐山。"老子曰："上善若水。水善利万物而不争，处众人之所恶。"

第二，传说。与水相关的传说都讲述着动人的故事，水增加了传说的生动性，传说赋予水更多的色彩。例如，在洪水灾害成为最大的安全隐患之时，有大禹"三过家门而不入"的治水故事。

（2）风俗活动

民俗是人们在社会群体生活中，在特定的时代和地域环境下形成、扩大和演变的一种生活文化。民俗活动的重要特征是其广泛的参与性，文化的参与性是文化得以保存、传播和发展的重要原因。人们经常思考、谈论或者回味自己参与过的事情，因此具有参与性的文化内容比起文字或者文物等物质形态的文化更容易被人们记住。并且，人们的参与过程往往又丰富和发展了文化的内涵。丰富的涉水风俗体现了人们对水的依赖、崇拜或敬畏之情，它的广泛流传使这种形态的水文化得到传扬和发展。

（三）乡村水景观的景观生态学阐释

农村水景观建设要实现水体在美学、生态、文化、生产等方面的功能，就需要运用景观生态学的原理，对水体及其周围各环境要素进行生态学的解析。

1. 乡村水景观的营造

从研究内容和研究目标来看，农村水景观的营造需要做到以下几点：

第一，研究范围要突破水体的界限，将水体周围的各个环境要素，包括农田、村庄聚落形态、道路等纳入水景观研究的系统中。

第二，水景观的功能及其动态变化受人类活动的影响，特别是在农村居住区。村民对水景观的影响分为有利和有害两种，科学的生产、生活行为可以保护水景观，促进生态系统的良性循环；反之将破坏水生态系统的平衡，导致景观和环境的恶化。

第三，景观的文化特性说明农村水景观同乡土文化有着密不可分的关系。

一方面，当地村民对景观的认识、感知和判别将直接影响水景观的营造过程。水景观是乡土文化的重要载体，在很大程度上反映了不同地区人们的文化价值取向。

另一方面，环境对人的影响也是巨大的。农村水景观通过美的形式和多方面的生态服务功能，将影响村民的审美情趣及其在生态伦理等方面的认知。

2. 乡村水景观的景观生态功能

（1）乡村水景观的生态基础功能

生态基础设施的概念是由联合国教科文组织提出的，它强调自然景观和腹地对城市的持久支持能力。基础设施是指为社会生产和居民生活提供公共服务的基本条件和设施，它是社会赖以存在和发展的物质基础。生态基础设施具有同其他生产生活基础设施类似的属性，是对“上层建筑”的支持。虽然生态基础设施的概念是针对城市的可持续发展问题提出来的，但随着农村现代化的推进，农村的可持续发展同样需要生态基础设施的支撑。

生态基础设施包括两个方面的内容：一是自然系统的基础结构，包括河流、绿地等为人们的生产、生活提供基础资源的系统；二是生态化的人工基础设施。由于人类社会与自然系统之间的共存关系，各种人工基础设施对自然系统的发展和改变具有重要影响。人们开始对人工基础设施采取生态化的设计和改造，以维护自然过程。

农村水体作为农村区域内自然系统的重要组成部分，是支撑农村社会经济可持续发展的必要生态基础设施。而农村水景观的建设过程则是人工基础设施的设计和改造过程。因此，农村水景观应该兼具自然系统和人工系统两方面的基础功能：一方面，水景观的建设不能破坏水生态系统在资源供给等方面的公共服务属性；另一方面，水景观的建设要体现生态化人工基础设施的功能，如在景观美化、教育等方面的作用。

（2）乡村水景观的安全功能

景观安全格局是以景观生态学理论和方法为基础来判别景观格局的健康性与安全性的。景观安全格局的理论认为，景观中存在着某些关键性的局部、点及空间关系，构成潜在空间格局，这种格局称作景观的安全格局。景观安全格局理论认为，只要占领具有战略意义的关键性的景观元素、空间位置和联系，就可能有效地实现景观控制和覆盖。

景观生态学的基本原理明确哪些基本的景观改变和管理措施有利于生态系统的健康，景观安全格局则是设法解决如何进行这些景观改变和管理才能维护景观中各过程的健康和安全。

第一，农村水系的生态功能。生态功能是指自然生态系统支持人类社会存在和发展的功能，以其支持作用的重要性可分为主导功能和辅助功能。对农村水体来说，其主导功能一般包括灌溉、防洪、生活供水等，辅助功能包括水土保持、生物多样性保护、美化环境等方面。

第二，农村水体的生态问题。景观安全格局的目标是维护景观过程的健康，使其有效地发挥生态功能。因此，了解农村水体的生态问题是建立水景观安全格局的前提。

第三，农村水景观安全格局的构成。生态安全的景观格局应该包含源、汇、缓冲区、廊道等组分。源主要指生态服务功能的主要输出和产出的源头，对整个生态系统发展起关键促进作用。汇是生态服务功能主要消费或消耗地，对过程起阻碍作用。源和汇的概念是相对的，要视所研究的生态过程而定。缓冲区是源和汇之间的过渡地带，也是潜在的可利用空间。廊道是指不同于周围景观基质的线状或带状景观元素，生态廊道被认为是生物保护的有效措施。

（3）乡村水景观的反规划功能

①反规划理论的内涵

“反规划”的概念是由俞孔坚等人提出来的一种景观规划途径。这个“反”体现在思想和过程两个方面：在思想上，反思传统的规划方法，重新回到“天人合一”的原点；在过程上采用“逆”向程序，首先以自然、文化生态的健康和安全为前提，优先确定保护区，在此基础上进行理性规划。从本质上讲，它是一种强调先保护、后建设的理念，更注重生态环境的可持续性。它认为景观营造的成功与否不是以对社会、经济发展的准确预测为判断条件的，而是以生态格局的健康性和安全性为准则。

②乡村水景观的反规划步骤

由于反规划理论是以景观安全格局的途径来确定生态基础设施的，因此其步骤遵循景观安全格局的六步骤模式。在目标明确、利益分析清楚的条件下，农村水景观建设的步骤可以简化为：场地表述、场地过程分析、场地评价、景观改变方案的确定四个步骤。

③乡村水景观的反规划原则

根据反规划的理论思想以及农村社会经济发展的现实需求，确定农村水景观建设的以下基本原则：

第一，自然性。想要营造出能促进农村社会、经济、文化可持续发展的农村水景观，就一定要充分尊重自然界景观发展的规律。

第二，全息性。全息性是指滨水空间满足不同年龄层居民活动需求的特性，要求空间能实现多种功能。功能的多样性是滨水空间的活力源泉，这样才能使滨水空间真正成为富有魅力的农村公共空间。结构决定功能，滨水空间配景和公共设施的布置是实现空间功能多样性的重要条件。

第三，文化性。农村的文化是与农业生产模式和居民生活方式紧密联系的。随着乡村工业的发展，农业现代化以及生活方式城市化，乡村的历史文化正在被城市化的步伐吞没。鉴于此，农村水景观的营造应通过对乡村文化的发掘和利用，唤起人们对传统文化的追忆，使农村在城市化的进程中保持传统的文化特色。

第四，亲水性。水体清澈、流动的自然特性，使亲水活动能够引起人们的愉悦感。亲水活动多种多样，包括垂钓、游泳、水边漫步等。让人们亲近水、进入水是水景观建设的主要目的，也是增加水景观游赏性的重要手段。

第五，适宜性。首先，农村水景观的营造要同农村的农田景观、村庄聚落形态相协调，为自然景观增色；其次，农村水景观要满足农村居民的实际需求和审美要求。

二、乡村水域景观规划的具体实践

人类对世界的改造不仅根据客观需求，还根据主观的愿望和偏好。这种偏好因时间、空间而异，这种时间、空间的差异就表现为文化的差别。不同的时间范围内，人们的思想认识水平大致相仿，而且在空间上相互影响和传播；在一定的空间范围内，因在时间序列上形成的地域文化，使空间范围内的文化因素相差不大。这些因素使得一定时间和特定空间范围内的人们在审美、信仰等方面有着共同的取向，这种取向是指导人们改造景观的原动力。

（一）治理水环境

水质是水景观建设的基础和保障，因此农村水景观建设首先要对农村水环境进行治理。

1. 加强乡村企业的管理

为避免或减少乡村企业对农村水环境的污染，必须在规划过程中，推行工业集中布局，并尽量远离水源区；在审批过程中，严格执行环境影响评估和“三同时”制度；在运行过程中，实现及时监测，鼓励和帮助企业进行技术改造，推行清洁生产和节约生产的模式，特别是必须坚持污水处理达标排放的基本原则。

2. 发展生态农业、节水农业

发展生态农业不仅可以减少农业面源污染，也可以发展农业经济，实现农民增收。具体来讲，应积极研发生态型农业，加强对农民的技术支持，推行节水灌溉等技术，改进田间水管理模式，减少农田排水，控制面源污染，增强农民的环保意识。

3. 集中处理生活污水

生活污水是农村水污染的主要来源，但是现阶段无法在农村地区广泛建设污水处理厂，因此可以根据生活污水可生化等特点，利用村庄原有的河流、水塘等水体建设氧化塘、人工湿地等污水处理系统。氧化塘是一种利用天然净化能力处理污水的生物处理设施，主要依靠微生物的分解作用达到水体的净化效果。人工湿地是利用自然生态系统中的物理、化学和生物的三重作用实现对污水的净化。这种污水处理方式既节约了成本，又使水资源能够在村庄范围内得到循环利用。

（二）设计景观护岸

景观护岸的设计在满足其工程需求的同时，还要兼顾护岸的景观功能和生态功能，满足居民对水景观的审美需求。提高居民生活环境质量，并体现人、水相亲的和谐自然观；保持水、土之间的物质和能量交换，为生物提供生长、繁衍的场所，有利于发挥水体的自净能力。

1. 植物配置

在农村水景观建设过程中，可利用的植物种类相当丰富，只需对植物进行适当挑选和合理布置，便能达到很好的观赏效果。植物景观的配置需要考虑以下几个问题：

（1）选择植物种类

选择植物种类需要考虑多方面的因素。

第一，环境适应性。植物的健康生长是植物景观形成的前提，只有选择适合环境的植物才能保证存活率。

第二，植物自身的特性。过高的繁殖率会对水体生态系统的正常循环造成威胁。

第三，本土原则。尽量选择本土植物，一方面节省了成本；另一方面可以避免由于选用外来植物而引起的种间竞争，影响生态系统的平衡。

（2）如何搭配所选取的植物

需要考虑如何搭配这些植物，才能形成良好的景观效果。植物景观配置可以分为以下几个步骤：

①植物景观类型的确定

植物景观类型是根据景观的功能及景观意境确定的，如平原区农村的生产区不宜种植高大的乔木，因其容易破坏开阔的视野，与田块争夺阳光、营养；以休闲游憩为主的空间则需要乔灌草的搭配，形成变化多姿的空间。

②综合植物景观类型、生长环境与植物特征，初选植物品种

首先，考虑主要品种和次要品种。主要品种是形成植物景观的主体，次要品种起到色彩、体量等方面的调节作用。

其次，考虑植物的株型、叶型、花型，考虑其叶色与花色，色彩在一年四季中的变化，开花与落叶时间等。

最后，根据景观空间的大小种植适量的植物。过高的密度不利于植物获取充足的养分，影响植物的生长，密度过低则影响群落景观的形成。

（3）优先考虑本土植物

农村的公共财力十分有限，可以充分利用当地常见的花卉树种，既能与本土景观协调，又易于生长，且经济便利。同时，还可以利用农业生产中的作物形成景观。极易生长的迎春、花期较长的月季、秋寒中绽放的菊花等都是很好的植物景观源。

（4）与周围农村景观与色彩的协调

农村的居住区与生产区有其独特的景观与色彩，需要对其进行实地调研，才能在植物配置中进行协调。例如，平原区的农业生产区地势比较平坦，视野开阔，河岸水塘边不适宜种植大量高大的乔木，只适宜极少量的点缀；低丘山区的农业生产区则可以根据适地适树的原则，有较多的选择。

2. 断面与护坡的形式

（1）“U”形断面

“U”形断面是最原始的断面形式，也称为自然形河道断面，它是由水流常年冲刷自然形成的。

（2）自然梯形断面

自然梯形断面通常采用根系发达的固土植被来保护河堤，断面采用缓坡式。对于河面较窄、河流水位年内和年际变化比较小的农村河道，可采用自然梯形断面。

（3）多自然复式断面

多自然复式断面是水景观建设中较为理想的断面形式。它兼顾了防洪、水土保持、景观、休闲等多方面的功能。护坡可以在自然护坡的基础上采用透水性材料或者网格状材料以增强护岸的抗冲刷能力。根据枯水水位和洪水水位来确定梯级的高程，使河岸在丰水期和枯水期呈现不同的景观效果，且在水位变化的过程中仍不影响人们近水、亲水的需求。

（三）选择护岸形式

为了防止洪水对河岸的冲刷，保证岸坡及防洪堤脚的稳定，通常对河道的岸坡采用护岸工程保护。

从景观方面看，河流的护岸是一道独特的线形景观，并能强化地区和村落的识别性。另外，护岸作为滨水空间，是人们休闲、游憩频繁的区域。

从生态方面看，护岸作为水体和陆地的交界区域，可以作为水陆生态系统和水陆景观单元相互流动的通道，在水陆生态系统的流动中起过渡作用，护岸的地被植物可吸收和拦阻地表径流及其中杂质，并沉积来自高地的侵蚀物。

河道护岸主要有硬质型护岸和生态型护岸两种形式：

1. 硬质型护岸

硬质型护岸主要考虑的是河道的行洪、排涝、蓄水、航运等基本功能，因此护岸结构都比较简单且坡面比较光滑、坚硬。但硬质型护岸破坏了水上之间相互作用的通道，因此给生态环境造成了许多负面影响。例如，硬质型护岸的坡面几乎无法生长植被，来自面污染源的污染物很容易进入水体，进一步加重了水体的污染负荷；硬质型护岸的衬砌方式减少了地表水对地下水的及时补充，导致地下水位下降、地下水供应不足、地面下沉。

2. 生态型护岸

（1）植物型护岸

植物型护岸是江河湖库生态型护岸中比较重要的一种形式，它充分利用护岸植物的发达根系、茂密的枝叶及水生护岸植物的净化能力，既可以达到固土保沙、防止水土流失的目的，又可以增强水体的自净能力。

（2）动物型护岸

动物型护岸是通过对萤火虫、蜻蜓等昆虫类和鱼类的生理特性及生活习性的研究而为其专门设计的护岸，有利于提高生物的多样性，同时也为人类休憩、亲近大自然提供良好的场所。

第一，萤火虫护岸。萤火虫护岸是通过对萤火虫生理特性和生活习性的连续性研究，得出最适宜萤火虫生存的环境条件，再将其与护岸构建结合起来的一种新型护岸技术。

第二，鱼巢护岸。以营造鱼类的栖息环境为构建护岸时考虑的主要因素。护岸材料选用鱼类喜欢的木材、石材等天然材料，以及专为鱼类栖息而发明的鱼巢砖和预制混凝土鱼巢等人工材料。这些材料的使用可在水中造成不同的流速带，形成水的紊流，增加水中的溶解氧，有利于鱼类和其他好氧生物的生存。这样，既能为鱼类提供栖息和繁衍的场所，又有利于增加河流生态系统的生物多样性，提高水体的自净能力。

（四）创造水景观意境

水景观意境的创造是乡村水景观建设的核心内容，也是景观能引起人们共鸣的关键所在。农村水景意境是人们在认识农村水景观的过程中形成的整体印象，是水景客观现象同认识者主观意识共同作用的产物。

从内容上看，景观意境包含三个方面：一是景观的客观存在；二是艺术情趣，主要有理解、情感、氛围、感染力等，是主观与客观的结合；三是在前两者的基础上产生的对景观的联想和想象。

景观意境的审美层次由感官的愉悦到情感的注入，再到联想的产生，是逐级加深的。其中，感官的愉悦可以通过景观元素的形、色、嗅、质等完整的表象来实现；情感上的共鸣则在很大程度上受观赏主体的意识、观念、信仰等因素的影响；联想、想象的产生有赖于观赏主体对客体的理解以及主体的生活经历、知识构成。因此，在农村水景观的营造过程中，要充分考虑到居民意识、观念等方面的因素。

景观意境的个性化是农村水景观建设的重点，千篇一律的水景观容易使人产生视觉疲劳。农村水景观的意境应在于突出反映乡村自然景观特征、生活风情与居民精神面貌。

1. 景观主题的确定

景观主题的确定是构建景观意境的重要手法。景观主体对客体的感知是多渠道的，并在很大程度上受外界信息的影响，景观主题可以引导感知和联想的过程。主题可以通过多种形式加以体现，包括直接的视觉体验、主题情景的“编织”等，其中主题情景的编织更能拓展观赏者的想象空间。

2. 多种造景手法的运用

农村水景观是一个多因素组合的有机整体，由部分到整体的过程并非简单的叠加过程，而需要用适当的造景手法辅助，才能使整体的景观效果优于单体的组合。

成功的农村水景观营造实际上要求科学性与艺术性的高度统一，既要满足植物与水环境在生态适应性上的统一，又要满足乡村景致与主色调的协调统一，还要通过匠心独运的设计体现水景观的整体美与观赏的意境美。

亲水环境和景观布置应充分利用自然资源，打造出与当地环境相协调的特色景观。亲水环境和景观设置的区域主要包括水面和滨水区。其中，滨水区是能给人们提供亲水环境的空间，就是指水域与陆地相接的一定范围内的区域。它是创造亲水环境和进行景观设置的重点区域。

（1）师法自然

师法自然是我国古代园林理水的核心和精华。农村水景观建设中的师法自然具体来说包括两个方面：一是仿照自然的形态，二是仿照自然的特性。园林理水中师法自然主要是针对自然形态而言的。只有美的事物，才有必要加以模仿。因凭、拟仿、意构是古代园林师法自然的主要表现手法。因凭即是在自然原型的基础上因地制宜，加工创造。拟仿即是对著名的原生态的自然景观形象加以模仿。建构同某一名胜呈现类似的形象，达到“小中见大”的效果。拟仿还可用于对理想呈现的模仿。意构即不拘泥于一地一景，而是广泛的集中概括，融之于胸，敛之于园。

（2）借景

景观意境与时空有密切的关联。借景即打破景观在界域上的限制，扩大空间，具体可分为远借、近借、仰借、俯借、因时而借等。其中近借、远借、俯借、仰借是对空间而言的，因时而借则是相对时间而言的。远借和近借是水景观建设中应重点使用的造景手法。远借主要通过空气的透视而表现出若隐若现、若有若无的迷蒙感和空灵的境界；近借主要是通过光与影的对比丰富景观，水景观建设中尤其可利用水面的镜面反射原理形成倒影，使水中影像同岸边实景交相辉映。水中的倒影不仅给水面带来光辉与动感，还能使水面产生开阔、深远之感。光和水的互相作用是水景观的精华所在。特别是在丘陵地区，由于水面和山体有相当的落差，塘坝的水面平静，又具备一定的水面积，易形成倒影，只要合理设置观赏点，就可以达到很好的观赏效果。

总之，农村水景观的建设过程可以视作景观造文化、文化造景观的双向互动过程。人们营造水景观，是他们重视改善生活环境，提高生活品质的结果。人们所创造的水景观是一种文化观念的产物，水景观又巩固和强化了它赖以产生的那种文化。景观不仅在塑造着文化，也潜移默化地影响着人的意识。对在景观中活动的居民加以改造或者塑造，促进或者限制某些行为的发生，这种促进或者限制是建立在一定的道德准则之内的，也是对居民潜意识的发掘。

第五章 现代农业的发展与乡村景观建设

第一节 现代农业的含义

一、现代农业的定义

一般来说，农业生产的历史经历了三个阶段，即原始农业、传统农业和现代农业。原始农业是指处于原始社会农业发展的萌芽阶段，这一阶段的基本标志是使用石制农具，单纯依赖对动物的驯化和植物果实的采摘以及简单的作物种植，农业生产模式简单、原始。传统农业包括两个阶段，一是古代农业，基本标志是使用铁木工具、畜力，生产社会化程度低，生产效率低下；二是近代农业，基本标志是机械化农具使用，社会化生产，农业企业成为主要的农业经营形式。现代农业的主要标志是农业机械使用及近代生物学和农业化学理论的应用，农业多种功能日益凸现，农业产业的链条不断延伸、扩展，产业形态更加丰富多样，从传统农业作为第一产业向第二产业、第三产业延伸。

从20世纪中期开始，欧美一些工业发达国家从科学技术、生物技术和管理组织模式等方面完成了从传统农业向现代农业的转化，基本上实现了农业现代化。我国目前正处于传统农业向现代农业转变的时期，传统农业组织形式、流通体系和服务体系不断升级，一些新兴特色产业也开始出现。

关于现代农业的确切定义，许多学者从不同角度进行了阐释，但是归纳起来，现代农业一般来说是与传统农业相对应的农业。现代农业是广泛应用现代科学技术、现代生产资料和现代科学管理方法的社会化农业，属于农业发展史上的最新阶段。现代农业表现为多种形式，如高技术农业、设施农业、生态农业、可持续农业、立体农业、信息农业、工艺农业、观光农业、精准农业等，并具有经济功能、生态功能、服务功能等多种功能。

现代农业的生产理念以保障农产品供给、增加农民收入、提供劳动就业、维护生态环境为主要目标，以现代科学技术为基础，通过市场机制把产供销、贸工农结合，由现代知识型农民和现代企业家共同经营的一体化、多功能、高效率与高效益的新型农业。

二、现代农业的基本特征

第一，现代农业是建立在现代自然科学基础之上并充分利用农业科学技术，通过充分运用植物学、动物学、遗传学、物理学、化学等科学知识进行育种、栽培、饲养、土壤改良等，使农业生产率得到提高。

第二，广泛应用现代农业机器并成为农业的主要生产工具，使农业由手工、畜力、农具生产转变为机器生产。如性能优良的拖拉机、旋耕机、联合收割机、农用汽车、农用飞机以及林、牧、渔业中的各种机器。另外，电子、原子能、激光、遥感技术以及人造卫星等也开始应用于农业生产。这些性能优良的现代农业机器广泛应用，使机器作业基本上替代了人畜力作业。

第三，农业生产的社会化程度日益提高。例如，农业企业规模的扩大，农业生产的地区分工、企业分工日益发达，“小而全”的自给自足生产被高度专业化、商品化的生产所代替。农业生产过程同加工、销售以及生产资料的制造和供应紧密结合，产生了农工商一体化，使农业生产具有了第二产业和第三产业的特征。

第四，管理方法显著改进，经济数学方法、电子计算机等现代科学技术在现代农业企业管理和宏观管理中运用越来越广。比如，良好的道路和仓储设备；在植物学、动物学、遗传学、化学、物理学等学科高度发展的基础上建立一整套先进的科学技术，并在农业生产中广泛应用；无机能的投入日益增长；生物工程、材料科学、原子能、激光、遥感技术等最新技术在农业生产中开始运用，农业生产高度社会化、专门化。

第五，现代农业以维护生态环境为主要目标，以现代科学技术为基础，大幅度地提高了农业劳动生产率、土地生产率和农产品商品率。以保障农产供给、提供劳动就业，通过市场产供销结合，由农户和现代企业家共同经营的一体化、多功能、高效益的新型农业，使农业生产、农村面貌和农户行为发生了重大变化。

三、现代农业的类型

（一）从资源利用的角度可把现代农业大致分为三种

1. 节劳型模式

由于一些国家地广人稀，劳动力不足，因此在农业生产中广泛使用农用机械，提高劳动生产率。采用这种模式的国家包括美国、加拿大、俄罗斯等。

2. 节地型模式

采用这种模式的国家有日本、荷兰、以色列等，这些国家人多地少，土地比较紧张，主要依靠生物技术进步，通过改良作物品种、兴建农田排灌工程、发展农用化学工业等手段，来提高土地产出率，并在此基础上发展农业机械化。

3. 节劳节地复合型模式

法国、德国等西欧国家主要采用这种模式，这些国家资源条件比较平均，现代农业建设选择机械技术和生物技术同时发展的道路。

（二）从农业生产内容和特点上可把现代农业划分为七种类型

1. 绿色农业

绿色农业是将农业生产与生态环境保护结合起来，促进可持续发展，增加农户收入，保护生态环境，同时保证农产品安全性的农业。绿色农业是灵活利用生态环境的物质循环系统，实践农药安全管理技术、营养物综合管理技术、生物学技术和轮耕技术等，从而保护农业环境的一种整体性概念。

2. 休闲农业

休闲农业是一种利用农业景观资源和农业生产条件发展观光、休闲、旅游的新型农业生产经营形态。游客不仅可以观光、果蔬采摘、农作体验、享受乡间情趣、了解农民生活，而且可以住宿、度假、游乐。休闲农业的基本概念是利用农村的设备与空间、农业生产场地、农业自然环境、农业人文资源等，经过规划设计，发挥农业与农村休闲旅游功能，提升旅游品质，并提高农民收入，促进农村发展的一种新型农业。

3. 工厂化农业

工厂化农业属于设计农业范畴。综合运用现代高科技、新设备和管理方法而发展起来的一种全面机械化、自动化高度密集型生产，能够在人工创造的环境中进行全过程的连续作业，从而摆脱自然界的制约。

4. 特色农业

特色农业就是充分利用区域内独特的地理、气候、资源、产业基础等农业资源，开发出区域内特有的名优产品，转化为特色商品的现代农业。其特色在于产品能够得到消费者的青睐和倾慕，在本地市场上具有不可替代的地位，在外地市场上具有绝对优势，在国际市场上具有相对优势甚至绝对优势。

5. 观光农业

观光农业又称旅游农业或绿色旅游业，是一种以农业和农村为载体的新型生态旅游业。农民利用当地有利的自然条件开辟活动场所，提供设施，招揽游客，以增加收入。旅游活动内容除了游览风景外，还有林间狩猎、水面垂钓、采摘果实等农事活动。有的国家以此作为农业综合发展的一项措施。

6. 立体农业

立体农业又称层状农业，是着重于开发利用垂直空间资源的一种农业形式。立体农业的模式是以立体农业定义为出发点，合理利用自然资源、生物资源和人类生产技能，实现由物种、层次、能量循环、物质转化和技术等要素组成的立体模式的优化。

7. 订单农业

订单农业又称合同农业、契约农业，是近年来出现的一种新型农业生产经营模式。所谓订单农业，是指农户根据其本身或其所在的乡村组织，同农产品的购买者之间所签订的订单，组织安排农产品生产的一种农业产销模式。订单农业很好地适应了市场需要，避免了盲目生产。

四、现代农业与传统农业的区别

（一）现代农业的内涵更丰富

现代农业不再局限于传统的种植业、养殖业等第一产业，还扩展到生产资料工业、食品加工等第二产业，还包括交通运输、技术信息、旅游观光等第三产业。

（二）现代农业是技术密集型产业

传统农业主要依赖资源的投入，而现代农业则日益依赖不断发展的新技术投入。新技术是现代农业的先导和发展动力，包括生物技术、信息技术、耕作技术、节水灌溉技术等农业高新技术，这些技术使现代农业成为技术高度密集的产业。这些科学技术的应用可以提高单位农产品产量、改善农产品品质、减轻劳动强度、节约能耗和改善生态环境。新技术的应用使现代农业的增长方式由单纯地依靠资源的外延开发，转到主要依靠提高资源利用率和持续发展能力的方向上来。另外，传统农业对自然资源的过度依赖使其具有典型的弱质产业的特征，现代农业由于科技成果的广泛应用已不再是投资大、回收慢、效益低的产业。相反，由于全球性的资源短缺问题日益突出，作为资源性的农产品显得格外重要，从而使农业有可能成为效益最好、最有前途的产业之一。

（三）现代农业具有多种功能

相对于传统农业，现代农业正在向观赏、休闲、美化等方向扩延，假日农业、休闲农业、观光农业、旅游农业等新型的农业形态也迅速发展成为与产品生产农业并驾齐驱的重要产业。传统农业的主要功能主要是提供农产品的供给，而现代农业的主要功能除了农产品供给以外，还具有生活休闲、生态保护、旅游度假、文明传承、教育等功能，满足人们的精神需求，成为人们的精神家园。生活休闲的功能是指从事农业不再是传统农民的一种谋生手段，而是一种现代人选择的生活方式；旅游度假的功能是指出现在都市的郊区，以满足城市居民节假日在农村进行采摘、餐饮休闲的需要；生态、保护的功能是指农业在保护环境、美化环境等方面具有不可替代的作用；文化传承则是指农业是我国五千年农耕文明的承载者，在教育孩子、发扬传统等方面可以发挥重要作用。

（四）现代农业是以市场为导向

与传统农业以自给自足为主的取向和相对封闭的环境相比，现代农业使农民的大部分经济活动被纳入市场交易，农产品的商品率很高，用一些剩余农产品向市场提供商品供应已不再是农户的基本目的。完全商业化的“利润”成了评价经营成败的准则，生产完全是为了满足市场的需要。市场取向是现代农民采用新的农业技术、发展农业新的功能的动力源泉。从发达国家经验看，无论是种植经济向畜牧经济转化，还是分散的农户经济向合作化、产业化方向转化，以及新的农业技术的使用和推广，都是在市场的拉动或挤压下自发产生的。

（五）现代农业重视生态环保

现代农业在突出现代高新技术的先导性、农工科贸的一体性、产业开发的多元性和综合性的基础上，还强调资源节约、环境零损害的绿色性。现代农业因而也是生态农业，是资源节约和可持续发展的绿色产业，担负着维护与改善人类生活质量和生存环境的使命。目前，可持续发展已成为一种国际性的理念和行为，在土、水、气、生物多样性和食物安全等资源和环境方面均有严格的环境标准。这些环境标准，既包括产品本身，又包括产品的生产和加工过程；既包括对某地某国的地方环境影响，也包括对相邻国家和相邻地区以及全球的区域环境影响和全球环境影响。

（六）现代农业的组织形式是产业化组织

传统农业是以土地为基本生产资料，以农户为基本生产单元的一种小生产。在现代农业中，农户广泛参与到专业化生产和社会化分工中，要加入各种专业化合作组织中，农业经营活动实行产业化经营。这些合作组织包括专业协会、专业委员会、生产合作社、供销合作社、公司＋农户等各种形式，它们活动在生产、流通、消费、信贷等各个领域。

第二节　现代农业发展对乡村景观建设的影响

目前，由于经济的迅速发展，科技水平的日益提高，我国正处于传统农业向现代农业转变的历史时期，农业生产也由传统的种植、养殖为主的农业生产模式向以现代科学技术利用、文化创意、绿色农业等为主现代农业生产模式转化。这种生产方式和生产理念的转化促进了乡村休闲、乡村观光、乡村度假等乡村旅游业的发展，同时也极大地推动了乡村景观的建设。

一、推动乡村景观建设模式的多样化

与传统农业相比，现代农业的内涵和类型更加丰富。由于高科技和文化相结合，使农业由传统的耕作模式向现代的观光、休闲、采摘、特色种植、特色养殖、特色加工模式转变。其中包括绿色农业、休闲农业、观光农业、特色农业、工厂农业、立体农业、订单农业等。这些新的农业生产经营模式的出现使得乡村景观建设模式也呈现出多样性的特征。例如，除了农田、林地、牧场这些原有的传统乡村生产景观外，现代农业生产园景观、农业生态园、采摘园、观光园、体验园、乡村渔场等一系列新型的农业生产景观相继出现。

另外，由现代农业发展带动的乡村旅游形式利用农业环境和主导农业，营造农业景观，设立农业功能区，为游客提供观光、游览、休闲、娱乐等活动，这些极大地丰富了农业生产景观建设。乡村观光也推动了新型乡村社区和乡村民宿等乡村聚落景观的发展。这些都极大地丰富了乡村景观建设的多样化。另外，随着现代农业在农村的发展，促进了乡村经济的发展，相应地也推动了诸如桥梁、道路、绿地、乡村公园、乡村活动中心等一些基础设施景观的建设（见图 5-1）。

图 5-1　乡村活动中心

二、推动乡村景观的生态化、绿色化

现代农业生产模式下乡村景观规划的中心任务是创建可持续发展的整体性景观生态系统。合理优化乡村景观生态格局对乡村的可持续发展具有重要意义，生态格局规划是以景观生态学为指导，综合考虑乡村用地的生态特点，以乡村景观生态系统整体优化为基本目标，通过建立合理的生态格局来维持乡村生态系统的健康和安全，实现乡村景观的可持续发展。

乡村景观的生态化、绿色化是指其具有的良好生态环境和自然的气息。绿色、环保、生态是中国乃至世界乡村景观建设的关键，也是乡村景观最具有吸引力的一个特征。把创建绿色乡村作为乡村景观建设的一个重要抓手。因此，维护好田园风光、强化生态系统平衡是乡村景观建设的重点。现代农业本身就是生态农业和绿色农业。它是在采用新的生物技术、绿色科学技术的基础上发展起来的，将农业生产与生态环境保护结合起来，促进可持续发展。同时，现代农业的生产使用无公害生产技术，实践农药安全管理技术、营养物综合管理技术、生物学技术和轮耕技术等，是灵活利用生态环境的物质循环系统，从而保护农业生态环境的可持续性，建设生态农业和绿色农业是现代农业的宗旨和目标。

另外，由现代农业的发展带动的乡村体验、乡村观光、乡村采摘等乡村旅游，从客观上也推动了乡村生态景观的建设和保护。

三、推动乡村景观功能的多样化

（一）休闲功能和参与功能

传统乡村景观的建设目的一般只是满足乡村居民的日常生活需求。例如，生产景观只是满足农业耕作而自发形成的乡村景观。农业生产的目的也仅仅是满足获取农业的经济效益。而现代农业带动的乡间观光、农作体验使乡村的生产景观建设具有了更多的参与功能。让游人参与农业生产活动，让其在农业生产实践中，学习农业生产技术，体验农业生产的乐趣。例如，让游人模仿和学习农业技术，如嫁接、割胶、挖薯、摘果、捕捞、挤奶、放牧、植稻、种菜等，还可以开展“当一天农民”的活动，游客直接参与农业生产的全过程，从而了解农业生产，增长农业生产技术知识。

对于城市居民来说，参与农业劳作是一种乐趣和享受。亲身体会农耕生活的辛劳。同时也增设品尝、采摘等项目，让游客感受丰收的喜悦。因此，在乡村景观的规划建设中要提供人们休闲和娱乐的景观点。例如，乡村采摘园、农作体验园、乡间垂钓场的建设，以满足游客的休闲体验需求。另外，乡村文化广场、乡村公园的建设为乡民和游客提供了文化休闲的场所。

（二）审美功能和观赏功能

乡村的山水、田园、森林、村落对久居城市的居民来说奇趣无穷，对城市居民来说乡村景观也具有很高的观赏价值，特别是那些千姿百态的农作物、林草和花木，通过这种观奇活动，使游人获得绿色植物形、色、味等多种美感。随着休闲观光农业的发展，人们会将原先用于粮食作物的耕地分出一部分，种植更加适合观赏性的林木、花卉、绿草等植物，使整个乡村具有浓厚的大自然意趣和丰富的观赏性。

现代农业带动了乡村旅游业的快速发展，因此，在乡村景观的规划中要突出景观的审美功能和观赏功能。首先，在乡村景观的规划中要重视乡村的整体布局的美观。其次，在乡村景观的各个功能区域的建设上，既突出个体的特征和变化，也要保持与整体相统一的风格。例如，在乡村聚落景观的建设中，不同功能的建筑要有不同的造型风格，如学校、超市、乡村医院、社区等。既要体现这些建筑的功能风格，也要与乡村整体建筑群的规划风格、色调统一。最后，在乡村中的一些小的景点规划设计中，可借鉴我国古典园林的造园理念和技术，以小胜大、以少胜多的理念。在路边、村口、田间、地头、房前、屋后等地，点缀一些花卉、树木、假山、凉亭等增加景点的审美和观赏性。

（三）科普教育和生产示范功能

乡村观光农园建设具有很强的科普教育功能。由于现代城市青少年生活和居住环境比较优越，没有机会接触农业，中小学也没有农业试验基地，观光农园刚好具备为城市中小学生提供实践、学习农业科普知识的条件。

另外，观光农园是观光农业的载体，它的开发和运行都不能脱离观光农业生产这一主要功能。观光农园最独特、最基本的景观环境就是农业生产。观光农园与常规农业的生产既有相似之处，也有很大区别。常规农业生产的主要目标是追求产品的优质、高效、高产，其生产过程是按照一定的生产程序和技术规程去操作，而观光农园生产的主要目标不仅是生产农产品，还要使生产过程和生产现场具有景观效果，也就是具有农业生产的示范功能。

（四）维护生态功能

现代农业是以绿色农业、生态农业为发展方向，现代农业生产模式下的乡村景观建设还具有维护生态的功能。例如，各种自然植物具有防风固沙、涵养水源、净化空气、保育土壤、固碳制氧、维护生物多样性等功能。

（五）综合服务功能

现代农业生产模式下的乡村景观建设为人们提供了一个休闲、观光、度假、体验、采摘、品尝的乡村环境。除了设置以上四项基础功能之外，接待游人，如何让游人玩得开心、尽兴和满意是现代乡村景观建设的一项重要工作内容。乡村景观建设目的是要给游客创造一个优雅、干净、方便的乡村环境。

四、现代农业促进了乡村旅游景观的建设

现代农业生产理念对乡村景观建设面貌和方式的转变具有重要作用。现代农业将农业和旅游业相结合，实现了第一产业、第二产业、第三产业的结合。这些变化极大地推动了乡村景观的建设并改变了乡村景观的面貌。现代农业发展所带动的乡村观光游、文化游、休闲度假游等新型乡村旅游业的发展，也推动了具有旅游特色的乡村景观的建设和发展，乡村景观的观赏功能以及美学功能越来越受到重视。

为了顺应乡村旅游发展这一趋势，要加快对乡村旅游景观科学规划和设计，乡村旅游景观的规划建设，一是突出了乡村自然景观的优势，独特的田园风光、山水景观，满足了游客旅游审美的需求；二是突出了乡村的传统文化优势，充分挖掘了古村、古镇的文化内涵，满足了游客物质和精神享受的需求；三是突出体现了地方风俗特色，例如，在建筑、服饰、饮食、歌舞乃至旅游活动的设计等方

面，体现出民族风貌、风情、习俗等特色，满足游客对跨文化差异的了解、感受和体验，增强乡村旅游的吸引力。

在距离城市较近的一些乡村，重点建设以乡村观光、休闲、采摘、体验、度假为主的观光农业景观。保护当地林木，对乡村具有历史文物价值的古树进行保护；加强乡村景观中具有历史价值的建筑景观遗迹保护；挖掘乡村自身的乡土特色，建设特色乡村旅游景观。村容整洁是乡村旅游景观建设的重要环节，优美的自然生态环境也是吸引游客的重要因素。乡村旅游景观建设离不开交通、水电、餐饮、住宿、通信等基础设施的完善。反过来，乡村旅游的发展过程中，游客吃、住、行、游、购、娱的行为又会促进农村基础设施的完善和发展，诸如道路桥梁的修建，房屋的改造，娱乐设施、通信设施的兴建等。做好农村环境的美化、绿化、亮化、香化工作，是发展建设乡村旅游景观过程中不可或缺的重要环节，只有充分抓好这一环节才能营造出“景在村中、村在景中、村景交融”的美好意境。

由此可见，乡村旅游景观的建设，是乡村旅游发展的重要条件，也是乡村旅游发展的必然结果。

第三节　国外创意农业推动乡村景观建设的经验

创意农业兴起最早可追溯至20世纪90年代后期的西方社会，随着农业技术水平的迅速提高，农业功能得以极大地拓展和延伸，科技农业、休闲农业和生态农业等相继发展起来。同时期，在英国、澳大利亚等国家形成的创意产业理念得到了全球的认可。创意休闲农业是以农村自然资源、田园景观、人文历史民俗风情、农耕文化、生态环境等农业资源为基础，对农业产业的产前、产中、产后等环节中的农业生产经营工具、形式、技术、过程、环境、方法、模式、产品、产业、销售、物流等，通过文化、科技、生产、生活、生态、景观、信息、营销、品牌、服务创意等手段进行创新性与新颖性的设计，精心营造新技术与新品种试验示范、新产品展示与交易、会议交流与科技培训、科普考察与科普教育、参与体验与民居生活、乡村旅游与休闲娱乐、康体养生、农民增收、农业增产与增效、农村繁荣的新型的农业生产经营形态。

创意农业是现代农业的一个重要表现形式。主要有两个基本特征：一是具有很高的高附加值，是高收益的产业，可以增加农民的收入，提高农业的综合效益；二是创意农业的产品和服务具有多样性。因此，创意休闲农业对农业经济的发展起到了重要作用，带动了一系列乡村新兴产业的发展，尤其农业科技园和乡村旅游观光园的产生。同时对乡村景观建设也起到了推动作用。

国外农业创意类型主要有以下四种：一是农田景观。农田景观创意就是利用多彩多姿的农作物，通过设计与搭配，在较大的空间上形成美丽的景观，使得农业的生产性与审美性相结合，成为生产、生活、生态三者的有机结合体。二是农业节庆。农业节庆是依托当地的主导产业，将农耕文化、民俗风情融入传统节日或主题庆典中而开发的节庆，通过农业节庆活动推动旅游、会展、贸易及文化等行业发展，是“农业搭台、经济唱戏、文化传承”的一种创意。三是农业主题公园。农业主题公园是通过对特定农业主题的整体设计，按照公园的经营思路，把农业生产场所（包括新品种、新技术展示）、农产品消费场所和休闲旅游场所结合在一起，对农业主题文化进行充分挖掘展示，创造出特色鲜明的体验空间，使游客获得一气呵成的游览经历，兼有休闲娱乐和教育普及的双重功能。四是科技创意。科技创意是指利用现代科技手段对农业生产方式进行创意，改变传统农业在人们心目中的固有形象。

创意休闲农业在我国才刚刚起步，处于摸索前进发展阶段。而在世界上的诸多国家里，创意休闲农业已有深入发展且已形成了不同的发展模式，并极大地推动了当地乡村景观的建设。以下介绍国际上比较成熟的国家创意休闲农业发展模式，以期对我国创意休闲农业的发展和乡村景观的建设提供有益借鉴。

一、英国

英国是世界上最早进入工业化的国家，也是世界上发展农业旅游业的先驱。英国乡村旅游业的兴起主要源于两个原因：一方面是由于英国高度发达的城市化为乡村旅游业的发展提供了庞大的目标市场。到20世纪70年代，英国的城市人口已经达到全国人口的80%以上。城市居民收入增加、私人汽车拥有量增多、消费需求层次提高等诸多因素，使得英国农业旅游应运而生并迅速发展起来。这些城市居民远离乡村，为了舒缓工作压力，渴望走进自然，参与户外旅游活动。英国美丽的乡村美景也因此吸引了大量的城市居民。另一方面，英国现代化农业的发展，乡村农业经济的转型，农业的发展模式已不再局限于传统的农耕模式，创意休闲农业也随之诞生。尤其是久居城里的市民由于对农村、农业的陌生，更渴望体验田园生活。这些都为英国乡村旅游的发展提供了契机。

英国乡村旅游经营者绝大部分是农场主，乡村景观的建设也是以乡村农场建设为主，全英近四分之一的农场直接开展农业旅游。每个农场景点都为游客提供参与乡村生产生活、体验农场景色氛围的机会。农场内设有一个农业展览馆并配以导游和解说词介绍农业工作情况，备有农场特有的手工艺品，提供餐饮、住宿服务，多数景点有儿童娱乐项目。

虽然农业旅游的收入可能要大于农业生产的收入，但农业生产主体地位并没有被削弱，农业旅游始终是农场经营多样化的一个方面。从农场的经营规模、经营效益以及市场需求特点出发，各景点都坚持小型化经营的取向及私营化的管理方式。由于农业旅游者90%以上是本地区居民，所以各景点普遍运用本土化的市场战略以实现利润最大化。

英国乡村创意农业的发展直接带来了乡村旅游业的兴起。英国的乡村旅游把乡村生态环境的保护建设与乡土文化保护紧密结合起来，使游人在领略风景如画的田园风光中体味几千年历史积淀下来的民族文化。同时，政府还颁布了一系列法规保护乡村的生态环境、乡土文化和历史古迹，一些乡村古老的传统建筑和历史遗迹被保存了下来，这些也推动了英国乡村景观的建设。

二、德国

20世纪90年代以来，随着现代农业在德国的发展，德国政府在倡导生态保护的同时，大力提倡创意农业的发展。创意农业的发展为乡村面貌的改变起到了重要的推动作用。德国乡村的建设主要形式是市民农园和休闲农庄。

市民农园是利用城市或近邻区之农地，规划成小块出租给市民，承租者可在农地上种花、草、蔬菜、果树等或经营家庭农艺。通过亲身耕种，市民可以享受回归自然以及田园生活的乐趣。种植过程中，绝对禁用矿物肥料和化学保护剂，起到对城市近郊乡村的生态保护，还增加了乡村居民的收入。

休闲农庄主要建在离城市较远的林区或草原地带。这里的森林不仅发挥着蓄水、防风、净化空气及防止水土流失的环保功能，而且还发挥出科普和环保教育的功能。学校和幼儿园的老师经常带孩子们来到这里，成人也来参加森林休闲旅游，在护林员的带领下接触森林、认识森林、了解森林。一些企业还把团队精神培训、创造性培训等项目从公司封闭的会议室搬到开放的森林里，产生了意想不到的培训效果。在慕尼黑市郊，当地农民在政府的帮助下，开辟了骑术治疗项目。他们可以在马背上重新认识森林和草原，同时也将枯燥的内外科治疗及心理治疗寓于骑马休闲活动之中，在取得良好治疗效果之余还会带给人们与众不同的体验。慕尼黑郊区也因其独特的“骑术治疗项目”成为人们向往的休养之地。

在乡村建设景观中，德国政府非常重视运用法规来规范和保护自然资源开发和历史资源的保护。德国政府规定：具有200年历史以上的建筑均须列入保护之列，并拨出专款用于支持古建筑、街道的维修保护工作。同时，德国对于历史文化遗产并不主张简单地复制，而是运用现代技术为其重塑灵魂，这样既可以满足现代功能，又创造性地保护了历史遗产。在乡村更新建设的实施过程中，对于历史文化和老街小巷的保护、修复的重视，以及对于历史场景的维护与重现，正是基于这样的建设和保护态度，才形成今日德国乡村别样的景致。

德国的第一部切实针对乡村建设的法律是1954年颁布的《联邦土地整理法》。此外，《联邦国土规划法》《州国土规划法》和州发展规划，通过区域规划对村庄更新起控制作用，村庄发展规划和村庄更新规划的制定不得与上述法律相悖。其他相关法律如《联邦自然保护法》《景观保护法》《林业法》《土地保护法》《大气保护法》《水保护法》《垃圾处理法》《遗产法》《文物保护法》等也是制定村庄更新规划必须遵守的法律法规。在硬性的法定规划基础上辅以非法定的柔性规划手段和措施，共同保证了德国乡村生态环境的保护和建设，保证了乡村景观建设的可持续性。

三、荷兰

荷兰是世界上著名的低地国家，全国有四分之一的国土位于海平面之下，人均耕地面积仅一亩多。[①] 正因为土地资源缺少促使荷兰的农业更加依靠科技的运用和农业创意模式，荷兰是较早实现从传统农业向现代农业转型的国家。概括起来荷兰乡村景观的建设经验有以下几点：

（一）注重乡村景观的合理规划和传统风格的传承

荷兰人非常注重延续传统的乡村景观营造理念，渴望乡村景观回归传统。荷兰传统乡村景观由于不同的土壤、水文条件以及历史时期特定的开垦方式，呈现出多样性。泥炭圩田、滨海圩田和湖床圩田是最具有荷兰特征的乡村景观，占了荷兰国土的约一半面积。经过多年的建设，荷兰西部地区的乡村景观中有很多遗存的风车、水道、河堤、树木、灌木篱墙等传统乡村景观元素都得以完整地保存下来。许多始建于 17 ～ 18 世纪的教堂、住宅等建筑和村落中的湖面、树木等环境要素也都被完好地保存下来，在今天依然可以看到。与此同时，近年来一批新的乡土建筑正在逐渐出现，在继承传统风格的基础上具有了一些现代风格的创新。

另外，从 1940 年开始，荷兰的风景园林师开始逐渐参与到乡村工程、土地改善和水资源管理的项目中。1950 年之后，国家林业部门和园林部门更加鼓励风景园林师和园林咨询人员参与到乡村区域的改造中。众多的风景园林设计师活跃在乡村景观规划的领域，极大地促进了荷兰乡村景观规划的合理性和专业性。

（二）“绿心”和“缓冲区”模式的乡村景观建设

20 世纪 50 年代，随着荷兰经济的恢复，城市扩张的压力增大，为了防止几个城市因扩张而连接成一体和单个城市无限度向外延伸，“绿心”和“缓冲区”的概念由此提出。其中，绿心位于兰斯塔德城市群的中央，其设立是为了通过对农业用地的保护，给相邻城市居民创造更多户外休闲娱乐的机会；缓冲区则紧邻阿姆斯特丹、鹿特丹、海牙、乌得勒支这些大城市，其划定目的是为了保持各城

① 孙凤明 . 乡村景观规划建设研究 [M]. 石家庄：河北美术出版社，2018.

市的空间独立性和可识别性，防止城市不断扩张并彼此粘连，成为一个城市带。此外，设立缓冲区的目的还在于提高区域生态价值，增加休闲活动场所。目前，“绿心”中仍保留着大面积农田，具有很强的农业产业属性，缓冲区则具有更强的休闲游憩特征。两者的成功，也得益于持续连贯的政策以及政府的资金和法律支持。

“绿心”和“缓冲区”模式对我国目前急剧扩张的城市群发展具有重要借鉴意义。例如，在城市密集和城市规模发展较快的长江三角洲、珠江三角洲和京津冀地区，发展“绿心”和“缓冲区”景观模式有利于这些地区的生态环境改善和抑制城市规模的无序扩张。

（三）强化乡村休闲娱乐功能

伴随着社会经济的稳定发展，荷兰人对于田园休闲生活方式的追求愈加强烈，兰斯塔德原本以农业为主的乡村环境被注入了更多休闲娱乐功能，面向公众和私人化的休闲场所日益增多。一是围绕城镇和村庄集聚，功能主要包括露营地、房车俱乐部、马场、儿童活动乐园、动物园、足球场、网球场、高尔夫球场、休闲草坪以及餐饮、住宿设施等；二是在湖泊、河道等水面沿岸展开，主要有游艇俱乐部、码头、垂钓园、田园化的泳池等。这些休闲场所的设计大多体现出质朴、简洁的特征，并十分注重与周边田园环境的协调。除此之外，荷兰西部大城市之间还建立了许多以生态和休闲为目的的人工林地，这些林地大多采用生态化的种植和维护方式，比如树种按照生态合理性进行搭配选择，很多古树被保留下来，为野生动物的栖息提供场所。这些新开辟的林地逐渐放弃原先人工化的直线、树阵等种植方式，而改为自然化的方式进行设计，并且将砂石铺砌的远足道和自行车道蜿蜒贯穿于其中。

（四）通过制定法规来规范乡村建设

荷兰政府通过了三版《土地整理法》，每一版都强调了乡村景观建设中对土地利用的管理。在荷兰，乡村景观兼有实用性和美观性，是居民生产、生活和区域生态的统一。相关的规划设计需要考虑功能性和文化性的结合，特别着重研究土壤特征、聚落历史和土地形态、水管理模式。设计师在进行乡村规划时，还特别关注自然的进程。为维护地区内的生物多样性，会划定出一定的自然保护区或大片的森林区；在更大尺度的区域中，还会依据景观生态学的理论，规划区域整体的生态网络，并运用灵活的弹性策略对乡村景观的发展加以调控，提高乡村地区的生态环境。整体生态网络中既包含自然核心保护区域，也包含户外休闲、森林、淡水水库等其他形式的土地利用方式，要求规划表达潜在的景观结构，并努力降低新开发景观对原有景观的冲击。

四、法国

法国许多农民在自己的农场开辟菜园，为城市居民提供休闲场所，这种菜园在法国北部工业区比比皆是。通过建立家庭旅馆、推出农庄旅游项目，使游客们在农庄可以欣赏田园景色，品尝当地的土特产，有兴趣的还可以亲自下地干农活。法国巴黎的郊区建有许多观光果园，游客可以观光、采摘、尝鲜、品酒休闲。观光农业每年可以带来巨大的经济收益。

法国的农场大致可以分为三大类型：休闲、美食品尝、住宿。这三种类型又可以分为几种不同的属性，包括农场客栈、教学农场、点心农场、农产品农场、狩猎农场、探索农场、露营农场等。在1988年，法国农会常设委员会设立了农业及旅游接待服务处，结合其他的农业专业组织，设计开发了专业组织网络，为农场规划明确定位，并且为观光农业提供促销策略。该专业组织网络明确规范了每个类型的农场接待游客的规模和服务。对于餐饮类，农场还规定，餐饮必须使用当地生产的农产品和当地的烹饪方法，要呈现本地乡土美食的特色，如果使用的不是自产产品，则需要标示出产地。除此之外，它还规定客栈的外观建筑特性必须按照当地的建筑风格来设计，以加强当地农场的淳朴风格。

法国在乡村景观建设时还非常重视乡村治理并且获得了极大的成功。城乡一体化发展，城乡之间的差异被消灭，每个村庄被治理得像一个小城市。

首先，明确乡村景观规划是为解决乡村地区在发展过程中遇到的问题，并进行乡村资源的优化配置，促进乡村地区的可持续发展和当地居民的收入增加。这就需要两个必备的条件：一是良好的生态环境和乡村景观的保护，良好的生态环境和乡村景观既是乡村区别于城市的重要特征，也是其自身发展的根基；二是乡村地区地域文化的保护与传承，包括当地的民风民俗、建筑特色、生产生活习惯、邻里之间的社会交往等。法国乡村地区时至今日仍然保持着许多几百年的堡垒式建筑，其生产生活习惯也是一直延续至今，不断变化的只是外部的交通可达性更加优越、活动娱乐设施更加完善、内部的生活更加舒适。只有明确了乡村规划的目的之后，才不会出现误将乡村规划简单当作农村土地与居住点的合并与拆迁这样的状况。

其次，合理布局乡村产业。无论是乡村规划还是乡村治理，都要对乡村地区的产业布局进行合理调整，以实现乡村地区资源的优化配置。乡村地区作为人类的另一聚居形态，主要发展农业，尤其是高科技现代化农业。同时，大规模的农产品生产也为乡村旅游的发展提供了大地景观艺术，典型的如法国普罗旺斯熏衣草和图卢兹的向日葵等。最终形成以第一产业为主，第二、第三产业共同发展的格局。

最后，建立平等合理的城乡关系。无论是在法国还是在西欧其他发达国家，城市与乡村总是保持着和谐的关系，而这种和谐关系是在城乡差异被消灭的基础上建立起来的。一个区域的资源与资本决定了其产业布局，乡村地区的生态资源与土地资本等决定了其与城市的重点产业布局不同，功能分工不同。乡村景观规划应从加强城市与乡村地区之间的联系，促进城乡的和谐发展进行综合考虑。

五、美国

美国观光农业的主要形式是发展耕种社区或称之为市民农园，是一种农场与社区互助的组织形式，在农产品的生产与消费之间架起一座桥梁。美国的休闲观光农场主要是集观光旅游和推广科普知识于一体的农场。每年约有万人去农场度假。农场除开设供游客采摘新鲜瓜果蔬菜的项目，还推出许多诸如乡村音乐会、榨果菜汁、绿色食品展、垂钓比赛等特色项目。有些农场还饲养小动物并放到果园里，让小朋友去喂食、亲近小动物。由于美国地多人少，开办休闲观光农场不仅能够缓解劳动力短缺的问题，而且还能就地推销农副产品。

美国政府在资金和政策上给予了很大的支持，同时也制定了相应严格的管理法规，比如要求农场必须设立流动厕所和可供饮用的水源，露天场所则要提供消毒水。目前，美国仅东部地区就有许多家观光农场，大大促进了当地农业的综合开发和旅游经济的发展。在华盛顿还开辟了多处大型郊游区，供游客垂钓、骑马、野营等郊游活动。

美国许多乡村还利用民俗节庆推动乡村旅游，将农耕文化、民俗风情融入传统节日或主题庆典中，通过农业节庆活动推动旅游、会展、贸易及文化等行业发展，促进经济增长并创造社会文化价值。美国南瓜节、草莓节和樱桃节是民俗节庆型农业旅游的典型。旧金山半月湾南瓜艺术节是世界著名的农业旅游节庆活动之一，每年接待游客数十万，与南瓜、万圣节相关的艺术品摊位几百个，给当地带来几千万美元的直接经济收益。北卡罗来纳州草莓节、田纳西州草莓节、加州草莓节、佛罗里达州草莓节等节庆旅游历史悠久、形式多样，包括草莓采摘品尝、副产品加工制作，带动草莓加工销售，拉动农民就业，促进地区间文化交流，提高区域旅游知名度。民俗节庆型模式挖掘地方农业和农村的历史人文内涵，通过市场运作，以传统节庆为中心开展农业旅游整合营销活动，进行农业旅游主题展示、广告策划、公关和网络营销等传播活动，从而推动地方农业经济增值，也带动了地方乡村景观的建设。该模式适用于具有浓郁农业旅游人文资源且商业经济发达的地区，运用现代营销管理技术推动农业旅游的创新与发展。

美国充分利用优美的乡村景观和田园风情以及农业生产过程作为旅游吸引物，以多种乡村旅游形式吸引城市居民前往参观、参与和游玩。例如，观光的基因农场，用基因方法培植马铃薯、番茄，在发展农业的同时也在向游客普及基因科学知识；休闲型乡村旅游是指以乡村旅游资源为载体，以形式多样的参与性旅游活动为主要内容，以满足游客休闲娱乐、身心健康等需求的旅游类型；美国的农场、牧场旅游不仅能使游客欣赏美丽的田园风光、体验乡村生活的乐趣，而且在专人授课的农场学校能够学到很多农业知识；乡村文化旅游是以乡村民俗、乡村民族风情以及传统民族文化为主题，将乡村旅游与文化旅游紧密结合的旅游类型。这种创意农业模式一方面推动乡村旅游业的发展，另一方面也推动了乡村特色农田景观的建设。

六、澳大利亚

澳大利亚通过拓展农业观光、休闲、度假和体验等功能，开发农业旅游产品组合，带动农副产品加工、餐饮服务等相关产业发展，促使农业向第二、第三产业延伸，实现农业与旅游业的协同发展。以澳大利亚葡萄酒旅游为典型，澳大利亚葡萄种植始于1788年，自1810年开始了商业化的葡萄酒酿造和销售，是世界第五大葡萄酒生产国和第五大葡萄酒出口国。澳大利亚以葡萄庄园的生产设施、田园风光、特色饮食、葡萄酒酿造工艺生产线、葡萄酒历史文化为吸引物，开发体验旅游和文化旅游多元旅游产品组合。每年有数百万游客到澳大利亚远离城市的偏远酒庄，欣赏美丽幽静田园风光；参观各种葡萄酒生产工艺流程；参与各种葡萄酒活动，如自己采摘葡萄，并在葡萄酒专家的指导下酿造葡萄酒；学习葡萄酒品酒知识等各种富有体验、休闲、科技、文化内涵的葡萄酒旅游。

另外，澳大利亚的乡村建有大量的农场、庄园。它们的风格各异、大小不等，既具有欧洲大陆的古老传统，又有鲜明特色的现代农场。在农场内有羊、牛、马和花卉、苗圃等各种动植物资源。游客在农场里进行各种体验活动，如采摘水果蔬菜、喂养动物、剪羊毛、挤牛奶、制作果酱、甩羊鞭、地产牛烧烤等。通过一系列参与性强的活动，游客可以亲身感受到澳洲农庄的独特之处。游客还可以在大的农场里乘坐经改装过的拖拉机或干草车去牧场的田野中旅行，欣赏绿色的草原、湖面等美景，呼吸新鲜的空气，令人心旷神怡。

澳大利亚的这种产业协同型的农业旅游发展模式最主要的特征是“以农促旅，以旅带农”，是基于本国特色农业产业与旅游业的结合。产业协同型模式适用于农业产业规模效益显著的地区，以特色创意农业的生产景观、加工工艺和产品体验作为旅游吸引物，开发观光、休闲和体验等农业旅游产品，带动餐饮、住宿、购物、娱乐等产业延伸的经济协同效益。

七、日本

日本人均土地资源紧缺，农业生产的先天优势不足，农民弃耕情况严重，因此日本政府希望通过农业观光促进乡村经济的发展。后来，《农山渔村宿型休闲活动促进法》对绿色观光农业旅游设施建设进行软硬件支持。还制定“促进农村旅宿型休闲活动功能健全化措施”和“实现农林渔业体验民宿行业健康发展措施”。通过政府立法支持，日本绿色观光农业发展迅速。

观光农业极大地带动了日本乡村景观的建设，日本在乡村景观的建设中通过延续乡村文化价值链，推进乡村生态景观建设。例如，日本在“魅力乡村建设”运动中，通过造街运动和造乡运动延伸了乡村文化的价值链。第一，造街运动。由于日本工业化和城市化的快速发展，很多传统的乡村历史建筑遭到了严重的破坏，使得乡村文化失去了传承的载体。20 世纪 60 年代，该国发起了旨在保护乡村建筑及文化的造街运动。中央政府每年拨出大量的经费用于保护市町村地区的历史村落、街道、古建筑、人文景观，推进了乡村文化的传承和发展。第二，造乡运动。如果说造街运动保护的是农村物质及其文化，而造乡运动保护的则是农村非物质文化。通过造乡运动，全面挖掘农村传统文化，提升乡村社区居民的文化自豪感，减少城市化和工业化进程带给人们的精神冲击，同时也提升乡土文化的魅力。在造乡运动中，日本各地乡村社区推进人、地、产、景与文化的结合，将文化传承与产业发展相结合，提升了农业和乡村发展的多元价值。造街运动和造乡运动，不仅给日本乡村建设提供了动力和活力，更是以这些运动为载体，提升了乡村建设的文化层次，使得传统文化保护和传承成为一种常态，充分调动了乡村社区民众的积极性，呈现出一种全民参与式的发展态势。

日本在“魅力乡村建设”中，通过打造森林、农田、村落建筑、园艺载体与传统文化的结合体，推进了乡村生态景观建设，形成了乡村聚落景观化、民俗文艺景观化等综合性特征，推动了各地乡村休闲旅游、观光旅游的发展。除了建立生态景观之外，日本政府还投入了大量的财力改善乡村基础设施建设，通过建立涵盖城乡的交通、物流、通信、社会服务、文化教育等公共产品，不仅促进了乡村经济的发展，更是拉近了城乡之间的差距。

八、新加坡

新加坡全国可耕地面积仅 5900 公顷，占国土面积的 9.5%，农业用地资源更是非常匮乏，因此农村的建设主要依赖通过发挥科技研发推广优势以促进农业旅游发展，促进新加坡乡村建设。科技依托型模式以农业科技研发作为特色旅游资源，在城市中心或近郊因地制宜、选址布局，结合农业生产，以科技园、科普基地、博物馆、展览中心等景点形式，集中展示现代农业技术，发挥了独特的科普教育作用。科技依托型模式的主体一般是具有较强技术和科研能力的农业龙头企业。

新加坡科技农业园成为新加坡农业发展的最重要途径。20 世纪 80 年代，新加坡政府大力发展农业科技园，园区内建设了生态走廊、蔬菜园、花卉园、热作园、鳄鱼场、海洋养殖场等，逐渐形成了独特的旅游吸引力。现今，新加坡的农业科技园已成为集农产品生产、销售、观赏于一体的综合性农业公园，园区展示国内外先进农业科技成果，每年吸引近 600 万旅游者。

为此，新加坡政府提出了农业科技园计划。该计划提出通过新兴农业科学技术，发展集约型和非污染型农业，在有限的土地和人力资源条件下，提高农业生产率，增加农副产品的自给能力。同时，积极从事农业的研究与开发，使新加坡成为区域性农业科技中心以及胡姬花和热带观赏鱼的世界分销中心。

九、韩国

随着韩国国民经济的快速发展，韩国的乡村城市化现象也越来越明显，与此同时，韩国也出现了农村发展问题。农业安全、农村管理、农民富裕的问题开始困扰着韩国经济的稳定健康发展，使得韩国经济无法步入真正的快车道。面对这样的问题，韩国政府在 20 世纪 80 年代决定开展“农渔村经济的革新开发计划”，也就是著名的“新村运动”。在“新村运动”的刺激和拉动下，韩国的乡村面貌发生了巨大的变化，“三农”问题也随之得到缓解。韩国政府在组织实施“新乡村运动”的过程中，制定了阶段性目标，取得了超出预期目标的效果，实现了一个发展中国家乡村建设的跨越式、超常规式发展。

在此之后，韩国政府开始着手进行乡村旅游的开发项目，韩国农林部通过开发观光农园、农家乐、周末农园等积极推进农业观光休养资源的开发。以开发休养地项目为例，把观光农园设施和农业生产过程作为一项观光产品，包括参观果树园、住宿、餐饮、农作物销售处等，还可提供游泳场、排球场、滑雪场等运动设施。从2001年开始，韩国每年都坚持举办村庄点缀美化大比拼活动，这种活动举办的目的就是为了让村庄时刻注重创新，不断谋求更为亲善性的旅游体验。为了参加点缀美化大比拼活动，每个村庄都必须动起手来参与点缀，而且还要考虑与周边村庄的协调搭配，同时还要与村庄自身的产业发展结构相匹配，体现出自身特色，引人瞩目，这样才有胜出的机会。正是基于这种追求点缀美化的动力，各个乡村也开始非常重视自身的基础设施建设，韩国乡村经过多年的建设和完善。目前，已经实现乡镇之间通国道，村庄之间通公路，户与户之间有大道的良好格局，就算是偏远的村庄也都拥有平坦宽阔的柏油路，与乡村旅游相配套的宾馆、饭店、便利店、加油站和停车场等硬件设施也一应俱全，十分到位。

韩国政府为了推动观光农业的发展，付出了不懈的努力。韩国政府把发展观光农业作为推动农村地区经济发展的新方案。韩国大邱大学李应珍教授将韩国绿色观光农业的主要类型归纳为五种类型：周末农园型、自然学习型、农村修养型、身心修炼型、孝道农园型。

十、总结

国外一些国家的创意农业经过多年的发展，极大地推动了乡村旅游景观的建设和发展，并在乡村建设方面积累了许多宝贵经验。

（一）政府进行宏观调控并给予多方扶持

荷兰、日本、德国、英国等国的创意农业成效显著，是与各国政府的直接推动分不开的。在荷兰，政府对创意农业实施了一系列符合国情的宏观调控和引导。政府就提倡发展畜牧业、奶业及与之有关且附加值高的园艺作物，并从政策、资金、技术等方面提供便利。在日本，“一村一品”运动是一种在政府直接引导和扶持下，以行政区和地方特色产品为基础而形成的区域经济发展模式。在德国，创意农业的诸多方案都是政府相关部门与农民们直接商定的，并在政府部门的协助下付诸实践。如慕尼黑郊区实施的“绿腰带”项目，其中的若干方案，如“干草方案”“森林方案”“菜园方案”“骑术治疗项目”等都是当地的农民在慕尼黑政府的直接帮助下开辟的创意农业项目。

此外，政府还设立相关组织或协会来负责并管理各方案实施。在英国，中央政府农村发展委员会自 1991 年以来明确提出向包括景点在内的私人开发项目提供资金。农业、渔业和粮食部按计划向通过发展旅游使农业经营多样化的农场主提供资助；乡村委员会向乡村地区旅游设施的项目提供资助。这些政策对于推进农业旅游的全面发展起到了积极的作用。

（二）挖掘区域特色资源潜力

注重农业多功能开发。将农业与农村的自然资源以及农民的智力资源通过创意转化为推动农业与农村发展、提升农民生活水平的资本，这是各发达国家发展创意农业的共同出发点。农村的生产、生活及生态资源是发展创意农业的基础。荷兰、日本、德国、英国等国在本国特有的农业品种及农耕活动的基础上，借助创意构思，设计出具有当地文化特色的创意农产品、农耕文化休闲生活区及相关文化节庆活动，使农业生产功能之外的生态、环保、休闲、娱乐、教育等众多功能较好地发挥出来。比如德国的休闲农业、英国的农业旅游等都是源自当地的自然资源及农业资源，创造了多个唯一性的创意农产品及农业活动。各类地方文化资源是发展创意农业的重要组成部分。

（三）创新生活，塑造品牌

创意农业的价值是通过市场实现的。发达国家主要采取城乡互融互动的手段，拓展创意农业消费市场。通过城市消费市场的培育以及农业生产文化、农居生活文化与乡村自然环境的综合塑造，实现创意农业消费市场和生产者之间的有效对接，从而使各种创意农业活动和创意农产品直接转化为市场效益。其主要做法是塑造新的生活方式。通过倡导新型生活方式，把创意农产品或农业活动与市场有效衔接，使消费者认同并激发其购买行为。德国的休闲农业和英国的农业旅游都是比较成功的做法。休闲旅游早已成为居民们的一种新型生活方式，发展创意农园能吸引城市消费者来旅游、度假。消费者通过参与其中、体验农事活动，乐于接受创意农业产品，市场因此得到拓展。

第四节　观光农业园景观规划

一、观光农业及类型

（一）观光农业

观光农业又称休闲农业或旅游农业，观光农业作为现代农业发展的一个新兴产业，目前没有统一的名词界定，诸多学者专家的定义不同，但相差不大。随着社会的进步，经济条件的改善和文化生活的丰富，人们对观光农业的认识也发生了变化，但是都有一个基本的共识，认为观光农业是一种农业与旅游业交叉结合的生态旅游。是与旅游业相结合的一种具有消遣性的农事活动，是一种特殊的农业形态，主要是通过当地优越的自然条件开辟休闲观光活动场所。观光农业在其内容和范围方面又有广义和狭义之分。

广义的观光农业是指充分利用农业自然资源、农村人文资源及空间进行旅游开发，发展在农村的观光旅游功能。它不仅包括传统的农业生产经营活动，还包括农村观光游览以及与之有关的旅游经营、旅游服务等内容，为游客提供具有乡村特色的吃、住、行、游、购、娱等各方面的服务和设施，满足他们对自然景观和乡土气息的向往。

狭义上的观光农业是以农业自然资源为基础，利用农村空间，将农园观光采摘、园艺展示、农产品等生产、经营以旅游的形式进行，把农业生产经营活动和旅游发展结合起来，通过优化农业生产结构、合理规划布局，达到美化景观、保护自然环境，提供观光游览、参与性劳动、学习及享用新鲜绿色食物的一种农业。

国内外对于观光农业园此类园区的称呼有很多种，如观光农园、观光农业园、农业观光园等，它们是从不同角度和不同深度对同一事物的描述，虽然在园区内项目策划中略有不同，但在实质上是基本相同的，所以我们不妨统一称为观光农业园。

（二）观光农业的类型

1. 农业园观光型

农业园观光型是通过建立农业公园、市民农园、教育农园或租赁农园等，以展示种植业的栽培技术和园艺、农产品以及生产过程。

2. 农业园采摘型

农业园采摘型是通过开放成熟期的果园、菜园、瓜园、花圃等，游客进入园区观赏、采摘、赏花，从而体验采摘、品尝的乐趣并且领略田园风光。

3. 乡村民俗文化型

乡村民俗文化型是利用农村的地域文化特色或民俗习惯、民俗活动或民族特色的村庄和农庄，开设农家旅馆，建立乡村民俗农庄，让游客体验住农家旅馆，吃农家饭，干农家活，感受农家的风土人情和民俗文化。

4. 森林旅游型

森林旅游型以森林优美的环境、清新的空气来吸引城市居民体验回归大自然的乐趣，并且可以在此进行度假、休闲、避暑疗养等活动。

5. 渔场垂钓型

渔场垂钓型是利用乡村的水库、鱼池、池塘等开展垂钓、驾船、品尝鲜和水上娱乐等水域旅游活动。

6. 畜牧观赏狩猎型

畜牧观赏狩猎型是利用牧场、养殖场、跑马场、狩猎场等，给游客提供观光、娱乐、参与牧业生活的乐趣。

7. 综合观光型

综合观光型是在观光农业景区内设置多种项目，如一些山区特色旅游项目，既观农园田园风光，又享民俗乡土风情，同时还利用乡村果林资源开展红果采摘活动。

二、观光农业园的特性及类型

（一）观光农业园的特性

我国观光农业园是在农业、生态、旅游三方面和谐发展和融合的情况下发展起来的，既具有农业生产方面的特点，也具备生态特点和第三产业的服务性质。因此，我国观光农业园具有农业、生态、旅游三个方面的特性。

1. 农业特性

（1）生产性

观光农业园是一个以农业生产为主的乡村生产景观系统。农业生产可以提供绿色和特色农产品，满足人们物质生活需要。因此，观光农业园生产的产品本身具有经济价值。

（2）季节性和地域性

由于农业生产的各阶段都受水、光、土、热等自然条件的影响和制约，使得观光农业旅游活动受季节性和地域性影响非常明显。一些观光农业旅游，主要就是每年夏、秋两个季节农作物的生长期，接待大量的游客进行观光、采摘，其他季节旅游基本处于“休眠”状态。可见，观光农业园的经营，具有一定的季节性。由于自然环境和社会经济条件都存在地域差异，农业生产与自然环境又是紧密相关而不可分割的，因此，以一定的农业资源为基础的观光农业园也具有明显的地域性。

2. 生态特性

观光农业园的生态特性主要表现为可持续发展性。观光农业园在开发与建设中应减少人工作用，在尽可能不破坏原来生态环境的情况下，运用生态学原理，促进其生态系统的良性循环。目前，国际上兴起的“生态旅游”更能体现旅游的发展特征，既突出了农业作为第一产业在城市化发展过程中与区域经济发展的融合，也展示了人与自然和谐共存的环境目标，实现可持续发展。

3. 旅游特性

（1）趣味性

观光农业园作为一个旅游项目，打破了传统农业生产的单一性和旅游观光的枯燥，利用丰富多彩、独具特色的农业自然、人文景观和农村的风俗民情来吸引游客，并设有一些农活体验项目、游乐中心及娱乐场地，提高了旅游项目的可参与性，使游客增长见识、陶冶情操，并且享受自然和历史文化给予的乐趣。

（2）独特性

随着社会的飞速发展，城市居民越来越追求“新、奇、特”的旅游项目，所以独特性顺理成章地成为旅游项目生存和发展的必备的特性。观光农业园属于“都市农业”的一种，与其他传统的旅游项目相比，它所具有农业这一独特的特性吸引了大量的城市游客，同时又具有观光、休闲这种独特的旅游性质。

（二）观光农业园的类型

观光农园的分类方法很多，如按照农业属性、功能类型、经营模式、所依托的对象、园区内涵等划分。按照第一产业属性划分，可把观光农业园划分以下为六种类型：

1. 观光种植园

观光种植园是利用现代农业技术，开发具有较高观赏价值的农作物品种园地，或是利用现代化农业栽培手段，向游客展示农业最新成果的园地。如引进高品质蔬菜、高产瓜果、绿色食品、观赏花卉等，组建丰富多彩的观光农园、采摘果园、农果品尝中心等。

2. 观光林业园

观光林业园是开发人工森林与自然森林，为游客观光、野营、科考、探险、避暑、森林浴等提供空间场所的园地，其具有多种旅游功能和观光价值。如具有观光功能的天然林地、人工林场、林果园、绿色造型公园等。

3. 观光牧业园

观光牧业园是指为游客提供观光和参与牧业生活的农业园地，拥有奶牛观光、马场比赛、猎场狩猎、草原放牧等各项牧业活动。如具有观光型的牧场狩猎场、养殖场、森林动物园等。

4. 观光渔业园

观光渔业园是利用湖、水库、池塘等水体，开展具有观光、参与功能的旅游园地。如参观捕鱼、水中垂钓、驾驶渔船、品尝水鲜、参与捕捞活动等，还可以让游客学习养殖技术。如南通市的世外桃源休闲农庄，经营的项目大多与渔业有关，包括钓鱼大赛、捕鱼、鱼鹰表演、江鲜野味等，每年都吸引大量游客前去观光游玩。

5. 观光副业园

观光副业园是指将与农业相关的具有地方特色的工艺品及其加工制作过程，都作为观光副业项目进行开发的园地。如利用椰子壳制作兼有实用和纪念用途的茶具，云南利用棕榈纺织的脸谱玩具等，可以让游客观看艺人的精湛工艺或组织游客参与编织活动。

6. 观光生态农园

观光生态农园是指建立农林牧渔综合利用的生态模式，拜天地、扮演新郎新娘、吃农家喜宴、体验农事劳动的生态性、趣味性、艺术性，生产丰富多彩的绿色食品，为游客提供观赏和体验良好生产环境的场所，形成林果粮间作、农林牧结合、桑基鱼塘等农业生态景观。

三、观光农业园规划设计的原则

（一）生态性原则

观光农业园对生态环境的依赖性很强。观光农业园的主题是围绕着绿色休闲，而旅游必然会带来大量的污染，这样的项目属于生态旅游的范畴，生态环境的保护就极为重要。规划时必须注意杜绝对生态环境与景观的破坏。在开发游览性旅游项目时，应该注重保持“农”味、“土”味、“野”味、“鲜”味，做到保护与开发并重，农业旅游与生态旅游相结合，实现观光农业园的可持续发展。例如，在设计游憩项目时应当注重生态设计原则，所有的活动项目不应产生噪音和污染。观光农业园一定要严禁污染物流入水体，严格控制废弃物的排放。其排放的废弃物可以通过沼气、微生物发酵技术等生物再利用技术实现重复利用，这样既节约资源，又能提供新的清洁能源。生态原则既是创造园区恬静、舒适、自然的生产生活环境的基本原则，也是提高园区景观环境质量的基本依据。

（二）兼顾季节因素原则

季节因素对观光农业园的建设形式、景观营造、经济收益等方面都有着很大的影响，尤其在冬季寒冷的北方，季节因素造成的淡季是影响其发展的不利因素之一。如果能够充分利用季节变化而产生的不同景观特色，营造出体现季相的园林景观，变化组织应季应景的活动内容，将能进一步发挥出观光农园的潜在吸引力。如可以将冰雪文化主题与观光农业文化主题结合在一起，让游客通过观赏北国冬季的田园风光，领略北方乡村的旷美风貌，使观光农园塑造出北方独有的冬季农业观光项目。

（三）整体性与开放性原则

规划过程中应考虑观光农业园的整体布局。从其内部结构来看，尽管各个功能区有各自的特点，但并不能将这些功能区看作一个个无机的、分散的结构。并且在进行园林和旅游的规划后，使其与周边环境的结合以及自身的整体性更加趋于完整、合理。

观光农业园从旅游观光方面来讲，是需要与周边环境有良好的衔接，并与整个大的社会环境相融合的一种开放式的园区。从其自身来讲，需要游客的进入性以及一定的开发空间。

（四）因地制宜，突出特色原则

由于农业生产具有比较固定的地域性和季节性，发展观光农业必须根据各地区的农业资源、农业生产条件以及当地的季节特点，充分考虑区位和交通条件。要求观光农园充分利用原有地形，将观光农业在原有的生产基地上，进一步开发而成，因地制宜，突出地域特色，要求观光农业园的规划必须与园区的实际结合，根据园区的基础资源现状条件、地形地貌特征，以现有的种植、养殖基地为基础，挖掘当地的农业生产历史及特点，营造出具有地方特色的乡土景观，明确资源特点，选准突破口，使整个观光农园的特色更加鲜明。越有特色的观光农园竞争力和发展潜力就越强。做到别具一格，这样才能吸引游客观光游玩。在具体的观光农园规划方面，除了要体现观光农业特色、突出农村生活风貌和展现乡土文化内涵，还要注意在项目安排上应不断创新，能给未来的发展留有一定的余地，让游客每次来都有一种“新鲜”的感受。

（五）生态美学原则

生态美学是生态学与美学的有机结合，实际上是从生态学的方向来研究美学，将生态学的重要观点吸收到美学之中，从而形成一种崭新的美学理论形态。它体现了人对自然的依存和人与自然的密切关系。生态美学促使人们保护生态环境，实现人与自然的和谐发展。在观光农业园的规划设计中应以生态美学作为审美导向，利用各生态系统之间、生物之间、生物与非生物之间的生态关系进行提炼与概括，形成体现生态和谐美观的园区景观。

（六）多样性原则

在对观光农业园进行规划设计时，要考虑到为游客提供各种选择的机会。在景观设计方面，要注意多样化，如不要使一种优势土地成为园内唯一的土地类型，尽量避免同一种土地大面积的连片。应该通过增加景观的异质性来提高观光农业园内景观的稳定性和可观赏性。景观设计内容和游览项目上也应丰富多样，以农业观光为主，乡情体验为主导，并以此为基础，加以丰富和提升，形成形式多样化、立体化的游览体系，不可局限于某一种形式和某一项活动。

提到农业，大多数人想到的就是它的生产功能，很少有人想到农业的文化内涵。如果景观缺乏文化内涵，就如同人缺少灵魂一样。观光农业园的景观设计，应该充分挖掘它的历史人文、生活以及饮食文化等，将这些文化与观光农业结合起来，这样营造出来的景观更具内涵。通过深入挖掘文化特色，开阔视野，寻求差异，满足游客的好奇心理，使游客从中获得知识和美好的享受。对这些内在的文化资源的开发利用，能够提升整个观光农业园的文化品位。利用自然风景和民俗文化来设计景观项目，对于农业观光和农业旅游是一种丰富与补充，不应墨守老套路和旧形式。

（七）以人为本原则

观光农业园的设计要做到以人为本，重视游客的需求。一方面体现在让游客自己动手参与其中，体验采摘、种植等劳动的乐趣。观光农业园具有空间开阔，内容丰富，参与性强的特点。多设置一些让游客参与体验类的项目，可以提高吸引力，如让游客参与采摘、喂养、钓鱼、划船、野炊、捕鱼、露营、制作等体验型活动。城市游客通过参与到观光农业园内的生产和生活，能够更深层次地体验农村生活，也可以加深对观光农业园的印象。另一方面体现在观光农业园的基础设施建设上，应该提供舒适便捷的休息、餐饮设施，方便游客。

四、观光农业园景观选址规划

观光农业园一般是在原有生产基地的条件上进一步开发而成。应该从实际情况出发，根据当地农业生产的历史及特点，充分发掘当地资源，因地制宜地打造具有地方特色的农业景观。决定一个地方能否建设观光农业园一般取决于区位条件、立地条件、资源条件及社会经济条件四个方面。

（一）区位条件

观光农业园的区位条件是决定观光农园能否建设成功的首要因素。从旅游区位理论可以看出决定观光农业园的区位条件主要有客源市场条件和交通条件。

1. 客源市场条件

客源市场条件是指旅游目的地对地域相异的游客的吸引力及游客的出游能力，包括人口密度、人均收入、消费水平、出游形式、闲暇时间、旅游偏好等。客源市场条件是观光农业园成功与否的决定性因素之一，客源市场及潜在客源市场的规模和类型是观光农业园的建设能否进行的首要因素，旅游项目的确定也是以此为依据的。

2. 交通条件

游客的出游在很大程度上取决于目的地的交通条件，交通条件的好坏往往与游客人数的多少存在一定的正相关关系。影响观光农业园的交通条件因素主要体现在以下两个方面：一是离城市的远近直接关系到观光农业园游客的数量和相应配套设施的健全程度；二是观光农业园与客源市场的交通便捷程度是游客出游考虑的条件之一，直接影响到游客的数量。

（二）立地条件

立地条件是指观光农业园的自然环境条件和农业基础条件两个方面。立地条件对观光农业园具有直接的影响，关系到项目的可行性、布局、工程投资大小等，还关系到规划用地开发利用的适用性和经济性。

1. 自然环境条件

观光农业园规划范围内的自然环境条件是建设观光农业园必须考虑的重要因素。良好的自然环境是观光农业园的必备条件，也是增强旅游资源吸引力的基础条件。观光农业园的自然环境条件主要包括植被状况、气候状况、水文水质状况、空气质量、地形地貌类型等方面。一般来说，具备气候条件温暖湿润、地下水充沛、地表水丰富、水质优良、土壤肥沃、植被丰富的地区，对于观光农业园的开发建设最为有利。

2. 农业基础条件

农业的种类、产量和商品率与观光农业园开发呈正相关关系。选择园址应结合当地的经济技术水平，规划相应的园区，水平条件不同，园区类型也不同，并且要留出适当的发展备用地。只有对观光农业园所依托地区的农业基础条件进行仔细的分析和研究，才能确定其开发的主要方向。

（三）资源条件

1. 自然景观资源条件

选择建设观光农业园的地区必须具备一定的自然景观资源。在具备自然景观资源条件的地区建园要比花大量人力改造建设节约资金，并能实现所建观光农园的持续发展。另外，观光农业园具有地域性，其所在地区的综合自然景观资源条件在一定程度上决定了观光农业园的开发类型和发展方向。

2. 人文景观资源条件

农村的生活习俗、农事节气、民居村寨、民族歌舞、神话传说、庙会集市以及茶艺、竹艺、绘画、雕刻、蚕桑、史话等都是农村旅游活动的重要组成部分。这些观光农业旅游活动中的重要人文景观，不仅增强了观光农业旅游者的文化价值，还能提高观光农业旅游者的文化品位，从而吸引更多的游客前来观赏、研究。

（四）社会经济条件

影响观光农业园建设的社会经济条件主要包括建园地的区域经济、基础设施和旅游发展。

1. 区域经济条件

区域经济条件主要是指某地所处的经济环境，也就是该地的总体经济发展水平。它涉及经济基础、经济发展水平、资金、技术等多方面。经济条件对观光农业园的开发建设是十分重要的。处在较好经济环境的观光农业园优势突出，发展潜力巨大，对该地的发展具有推动作用，反之，则潜力小，制约该地的发展。衡量一个地方经济发展水平的重要指标主要有当地的消费能力和投资能力。

2. 基础设施条件

观光农业园的基础设施条件主要包括水、电、能源、交通、通信等设施。这些基础设施是观光农业开发，特别是观光农业园的技术建设中不可缺少的条件和因素，并直接影响到观光农业园开发建设的难度和投资额度。

3. 旅游发展条件

观光农业旅游的开发与本地区内旅游发展的情况密切相关。有良好的旅游发展条件的地区其旅游业的发展必将带来大量的游客，从而带动观光农业园向可持续方向发展，实现创收。

五、观光农园景观道路交通规划

观光农业园一般位于城市的郊区，交通时间占据了旅游时间相当多的一部分，而且观光农业园与城市公园不同，它往往与周边环境相似，出入口不明显。因此，对于观光农业园来说，要重视并合理解决外部及内部交通问题，特别是外部引导线及出入口的设计。

（一）外部引导线规划设计

外部引导线是指通往观光农业园的路线，是一条起着引导作用的路线，预先提示游客，并预示出观光农业园的性质、规模来吸引游客。好的引导路线是需要经过精心设计的，形成丰富多样的立体空间。例如，在视线安全和风景优美之处开敞空间，在需要屏蔽之处围合起来，用不断变化的空间格局吸引游客并且使游客从疲劳中得以解放。引导路线及道路景观的形状、色彩等，包含了天然的和人工的，静态的和动态的物质要素，如起伏的地形，弯曲的道路，茂密的树林，郁郁葱葱的草地和野花，构成了高低起伏的空间层次，激发游客的兴趣。

观光农业园外部引导路线的长度是至关重要的，主要根据游客乘坐机动车行进的心理感受及徒步行进的心理体验。观光农业园的标志物最好在距离出入口几千米之外就出现。应该每隔一段在标识的形态上有大的节奏变化，形成重复或者渐变的韵律美。进入观光农业园的那段路程则是最关键且微妙的，可以采用突变式的美学构成法则，给游客留下深刻并且向往的印象。

很多观光农业园吸引游客的主要方式是依靠行进路线上的标示牌。引导路线不宜直截了当，应控制和引导游客的行进速度。为了使观光农业园便于识别，可以利用标示牌的导向作用，并且它不仅是简单的文字指引，还应该结合观光农业园的主题设置，将其上升成为观光农业园的一种象征，具有较高的艺术形象。观光农业园的标示牌也可以具有环境组织效果，它的表现形态可以是人工景物，如建筑、雕塑、喷泉等，也可以是自然景物，如湖水、山石、植物等，周围的一些景观也可作为观光农业园的标志。

（二）出入口规划设计

观光农业园的出入口是游客到来的第一个高潮，其重要性显而易见，是吸引游客前往参观游览的重要因素之一。出入口一般分为主要出入口、次要出入口及专用出入口三种。

出入口作为整个园区的交通枢纽和人流集聚地，在出入口应该布置场地用以缓冲人流，设置充足的停车空间，设置能够体现观光农业园主题的景观或小品。观光农业园的出入口位置要选取得当，应该与城市的主要干道、游客的主要来源方向以及园区的自然条件等因素协调后确定。为了能够突出主要出入口的景观效果，可以选择易于被发现、风景秀丽的位置。出入口的设计应体现出地域文化特征，朴实、大方、本土、有文化特色，而不应该效仿城市公园。在距离主入口的区域内，为了有一种有效的暗示性景观，可以不设围墙或者只设置具有通透性的围合物。好的出入口设计还能成为整个观光农业园的重要标志。

辅助性的次要出入口设置是为园区周围的村民提供方便，也为主要出入口分担人流量。次要出入口应设在观光农业园内有大量人流集散的设施附近。

专用出入口是根据观光农业园园区管理工作的需要而设置的，为了方便管理和生产以及不妨碍园内景观的需要，应该选择在园区管理区附近或较偏僻不易被人发现之处。

（三）内部道路规划设计

观光农业园的内部道路是联系各景点的纽带，是整个园区的骨架和脉络，也是构成园区景观的重要因素。观光农业园的道路设置与城市公园大体相同，包括主要道路、次要道路及游憩步道。

主要道路是连接园区中主要区域及景点的纽带，在平面上构成园区道路系统的骨架。在规划时应尽量避免让游客走回头路，路面较宽，道路纵坡一般要小于 8%。

次要道路主要伸进各景区内部，路面较窄，地形起伏可比主要道路大些，如坡度大时可做平台、踏步等处理形式。

游憩步道主要为各景区内休闲、游玩的小路。布置形式比较自由、多样，对于丰富农业园内的景观起着很大作用。

观光农业园的内部道路在规划时，不仅要考虑它对各功能区的组织作用，更要考虑其生态作用，比如廊道效应。观光农业园内部道路的特色在于其路线的形状、色彩和质感都应该与周围的乡村景观相协调，突显出乡土特色。游憩步道是园区的线性景观构成要素，应以自然曲线为主，依地势高低起伏而设，或者以田垄为基础，将农田的脉络形象勾勒出来，反映出农业文化。游憩步道可以根据实际情况不做铺装，展现农村朴素的乡野气息，同时也便于雨水的自然渗漏，使生态平衡受影响较小，保护生态环境不受破坏。

（四）内部交通组织

观光农业园一般面积比较大，各个活动区域之间的距离较长，应采用能够提供各游览区之间快捷联系的适当的交通工具。交通工具也可以起到增添游园乐趣、渲染游乐气氛的作用，在无形中把交通时间转化为旅游时间，丰富了旅游体验。

地面交通工具一般可采用电瓶车、马车或牛车等。马车和牛车是最具有农村特色的游览交通工具，对游客具有较强吸引力，应广泛采用。电瓶车则具有安静、低速、车身小巧灵活、无污染、趣味性强等特点，也是适合观光农业园采用的交通工具。

水上交通则主要由各种游船、木筏、皮筏、竹排等构成，并设置相应的游船码头。水上旅行是颇受人们欢迎的一种游览方式。坐在船上既可以欣赏田园风光，又可以观荷采莲，参与垂钓、捕鱼等水上活动，更增加了游览的乐趣。

六、观光农业园绿化景观规划

绿化景观规划主要是对规划范围内的植被进行景观和空间规划，并根据不同分区的功能及景观需求，塑造出不同的植被景观。对各类植物景观的植被覆盖率、植物结构、主要树种、季相变化、地被与攀缘植物、特殊意义植物、特有植物群落等，也应有明确的分区分级的控制性指标及要求。

为了消除观光农业园中大面积的开阔景观过于平淡，如大片麦田、花圃、草坪等，缺乏空间变化及层次，可采用园林设计手法中的障景、隔景、漏景等增加空间感，提升景观的可观赏性。设计中应对原有地形进行适当改造，以适应游客对景观的要求，同时还应对现状的不良景观进行适当改造与优化。各功能区植物景观应以乔木为主，花灌木及草花相结合为辅。构成观光农业园的景观元素是多种多样的，根据各功能区的主题立意和文化氛围，布置季相变化多样、色彩丰富的树种，形成高低错落、前后有序的自然效果。在植物的搭配方面，要与园林建筑如廊架、屋顶等充分配合。道路、农田等线性景观适宜运用自然曲线线性，与起伏的地形、植物景观天际线等天然要素相融合，展现出自然的独特魅力。

（一）农业生产区

农业生产既为当地居民提供经济来源，也在一定程度上为旅游提供更丰富的项目。应根据具体情况确定农作物种类，可利用原有的特点，形成果蔬专类园，如桃园、苹果园、橘园、梨园、玫瑰园、南瓜园等，结合旅游观光项目，进行花卉、果树、蔬菜生产。

（二）农业观光区

农业观光区以营造良好的植被景观为目的，以大片的农业作物为景观组成壮观美丽的田园风光。在植物种类的选取上，尽量使用乡土植物。这个区域拥有成片的观赏花卉或苗木，沿路或集中栽种可以观花观果的亚乔木，以高大的乔木适当搭配点缀，同时引入景观效果佳的植物种类，但应注意控制其生长蔓延，保证不会对乡土植物的生长造成威胁，以免破坏自然生态平衡。在搭配方面应注意调整乔木、灌木、草本的种植比例，落叶乔木和常绿乔木的比例，形成良好的景观层次和丰富的景观空间。

（三）接待服务区

接待服务区的植被应以良好的景观效果和塑造丰富的植被空间为主，栽植一定比例的高绿地率或高覆盖率控制区。注重乔木、灌木、花草的合理搭配，植物的配植主要考虑景观功能，还有与该区服务设施的协调性。对于不同类型、功能、色彩及形式的建筑和服务设施，要选取与之相适宜的树木及相应的配置方式，以衬托建筑，烘托出建筑环境的氛围。在接待设施附近的开阔区域或场地配植一定的草地和草坪，可供游客观赏、休憩及野餐，在紧急情况下还可兼做人流疏散场地。

（四）景点

景点以及周围的植被要突出景点的内涵。人文景点的植物配置要同人文景物相适合，并保持一定比例的绿地率或覆盖率控制区。自然景点的植被规划则主要是做好现有植被的保护，尤其是对拥有名木古树的自然景点更应进行精心的养护和管理。

（五）风景林

风景林是以观赏为主要功能的森林景观。风景林的树木以观赏树木为主，树林景观应尽量做到整齐、错落，互相搭配，形成极具观赏效果的绿海景观。还可以经过开发形成人们乐于休闲游憩的空间环境。

（六）道路

主要道路两侧最好选用景观效果好，且管理形式粗放的高大乔木为骨架。路边适当配置少量花或灌木，形成有规则的线性绿化种植、方式上要具有较好的景观效果和一定的防护功能，应该结合路旁的地形，随道路的自然曲线不等距地进行自然式种植，形成高低错落、疏密有致的道路绿化景观。

步行路上则由乔木与灌木结合的树丛自然栽植于路边，形成"林中穿路"，还可以花的娇美姿态和艳丽色彩吸引游人，形成美丽的"花径"。特别是鲜花盛开时节，游客在香味浓郁的花丛中穿越是一种享受。

路口与道路的转角处，应该形成不同的空间，巧设对景、障景、透景，使游客在视觉上感觉到巧妙生动的景观变换，丰富了道路景观节点。

七、观光农业园生产栽培规划

在我国，对栽培植物的审美已有悠久的文化积淀，无论是观叶、观花或观果植物，主要是欣赏它们的季相美。农业生产与季节息息相关，观光农业园又是以植物为主要构景元素，因而要通过种植规划体现出农业景观的生态美，并使观光农业园能够以丰富多变的季相美吸引更多的游客，这对于园区建设非常重要。观光农业园内的植物可以分为栽培植物和绿化植物，但由于观光农业园属于生产性园林，因此，栽培植物就显得更为重要。

（一）裸露地栽培规划

裸露地农田的栽培不仅要重视农业产量质量的提高，还必须重视其景观的点、线、面要素构成，色彩与质感的处理，应该用层次深远、尺度宜人等美学原理，提高其艺术性和观赏性。

种植的农作物及绿化植物应保持乡土特色。适当地增加植物种类以丰富景观，增补针叶树、阔叶树及其他观赏植物，调整落叶、常绿植物的比例。田缘线和田冠线是农田景观中的线要素。田缘线是指农田、田间小路的边缘绿化，是农田与道路的交界线；田冠线是指植被顶面轮廓线。田缘线和田冠线是种植区景观处理的重点，可以使农田景观产生丰富的空间层次。田缘线应该以自然式曲线为主，避免僵硬直线或几何线条。栽培作物应合理选择搭配，使田冠线高低起伏错落，形成丰富的景观外貌。

在观光农业园的生产栽培规划中可以根据不同植被的功能分为观赏采摘区、生态保护区、生产区等区域。

观光采摘区一般位于主游线和主要景点的附近，处于游览视线范围内的植物群落，对植物的形态、色彩要求要具有一定的视觉效果，抚育要求则主要以满足观赏或采摘为目的。如果范围内有生态敏感区域，还应该加强生态成分，避免游客的采摘行为，一般作为观赏生态林。

生态保护区包括珍稀物种及其保护区、水土保持和水源涵养区。这些区域要重点保护，应在保护区外围建有围栏或标有明显提醒游客“注意生态保护或严禁入内”的警示牌。

生产区是以生产为主，为观光农业园的内核部分，限制或禁止游人入内。一般在规划中，生产区处在游览视觉的阴影区，其地形较缓、没有潜在生态问题。多数的观光农业园是在原有农场或果园基础上发展起来的，而原有的植被栽培是以生产为主要目的的，不适宜旅游观赏的需要。因此，必须做一些调整以适应旅游需要。如对种植结构上的调整，强化果树、花卉、蔬菜等观赏性强的产业以及奇珍异果等特色食品产业，建立起具有较高生态稳定性和景观多样性的景观。

（二）设施栽培规划

设施栽培运用现代农业科学技术进行栽培管理，可以使温室的环境一年四季如春，充分显示其观赏性和趣味性，向游客展现出高科技的魅力。温室内的作物栽培必须考虑因地制宜，达到瓜果满棚的效果。要使温室内的栽培产生空间上的层次变化，就要合理分析棚架的高低层次，同时注意作物的色彩搭配，丰富温室空间的艺术层次。还可以对栽培棚架做适当的艺术造型处理，让现代农业设施更富有艺术感。

在植物品种的选择上，可选择时令蔬菜、名优花卉、食用菌、叶菜、根菜、果菜等进行栽培。在季节的安排上应充分考虑每个品种的生物学特性。要使温室四季常绿、瓜果满棚、鲜花盛开，要突出栽培品种的新、奇、特的特点。

八、观光农业园服务设施规划

服务设施包括民宿、宾馆、餐厅、茶室、农产品市场等，为游客的住宿、餐饮、娱乐、购物等休闲活动提供舒适的场所。应根据观光农园的性质、功能、游人的规模与结构、农业景观资源以及用地、水体、生态环境等条件，适当配备相应规模、种类、形式的服务设施。

（一）服务设施规划原则

第一，服务设施规划应从客源现状及未来发展规模预测入手，协调考虑服务设施与相关基础工程、外部环境的关系，实事求是地进行规划，避免过度建设造成浪费。

第二，服务设施布局应该采用相对集中与适当分散相结合的原则。这样既方便游客又有利于发挥设施效益，便于经营管理和减少干扰。

第三，选址时应注意对用地规模的控制，要既接近游览对象又应该有一定的距离，应具备相应的基础工程条件，尽量靠近交通便捷的区域，避开农业生产区域，以免造成相互干扰。

第四，服务设施应尽量与农业环境相融合，避免对景观造成生硬的割裂，也应减少对生态环境的干扰。

（二）服务设施设计

服务设施的建筑造型应与农村当地的自然环境相融合，要能体现农家气息。建筑风格既要有浓郁的地方特色，又要与观光农业园的性质、规模、功能相一致。建筑布局要充分考虑地形的因素，要与地貌特征相和谐。

服务设施的建筑设计应尊重自然气候，采用当地乡土材料。建筑设计要遵循保护农田的原则，要让建筑进入环境，环境进入建筑，通过相互作用，削弱人工建造的痕迹。建筑材料尽可能就地取材，采用当地的乡土材料，如石材、木材等。这类自然材料有助于增强建筑物同周围环境的联系，既可节省不少投资，又能体现浓厚的乡土色彩，使服务区在色彩、肌理上易于与周围自然环境相协调。建筑设计还必须注意与周围场地的关系，既可考虑将场地当作主体建筑的环境，也可将建筑看作景观要素，对它进行设计以补充自然的轮廓和形态。只有满足了建筑和环境相协调，才能使它们更自然地融为一体。

此外，建筑小品还应考虑在生态和经济方面的可持续发展。比如，对厕所的设计，可以在园区建造“净化沼气池”的生态厕所，对观光农业园的生态环境会起到良好的效果。

九、乡土景观在观光农业园设计中的运用

乡土景观中提倡的粗拙之美，既要与普通园林中的精巧细致不同，还要生态性、生产性与艺术性兼具。因此，观光农业园的规划比一般的场地规划有更高的要求。充分运用乡土题材，结合本土自然条件，运用当地的传统技艺，营造出符合当地老百姓生活习俗的环境，成为运用乡土景观元素进行园林创作的基本方向。乡土景观在观光农业园中的运用主要体现在以下四个方面：

（一）在场地布局方面

对于乡土景观来说，它处于城市与乡村之间，是两者的过渡，具有高度的生态敏感性。在观光农业园的规划中，有些投资者追求气派和豪华，大兴土木，建高楼别墅，不仅严重破坏了生态环境，也忽略了规划地区原本的地形及乡土景观本身的特点。

观光农业一般是在原有生产基地的条件上进一步发展而成，应选能反映本地乡土特点的地形、地貌来作为基地。根据当地农业生产的历史及特点，从实际情况出发，充分挖掘当地的自然资源，因地制宜地打造具有当地特色的乡土景观。

（二）在建筑和文化底蕴方面

建筑是社会与经济发展的风向标，是一个时代、一个地区人们的审美、价值取向的反映，也是当地风土人情和文化的体现。观光农业园中的乡土景观、建筑及民俗文化体现了农村历史人文、农村生活方式，如傣族的竹楼、客家人的土围子、土家族的吊脚楼、草原上的蒙古包、陕北土窑洞、海边的石头城等都充分突显了与城市生活截然不同的文化特色和民族色彩。在规划中要延续整个乡村文化的文脉，注重这些建筑及文化，使乡土景观具有特殊的文化魅力。改建欧式建筑

这种类似完全摒弃本土建筑文化的做法是不可行的。

（三）在植物种植方面

植物在景观中的应用由来已久，古代人们应用最早的园林植物就是果树及蔬菜，后来逐渐被观赏植物取代。乡土景观在规划中宜选用一些兼具观赏价值和经济价值的植物，如油菜、桃树、梨树、茶叶、甜菜、荷花、菱角等。

动物也是乡土景观的一个重要组成部分，渔业养殖与垂钓相结合是普通应用的模式。同时，还可养殖一些观赏价值或经济价值高的家禽或家畜，如山鸡、水鸭等。

（四）在游客参与方面

人是景观中最具活力的因素之一，景观的功能之一就是满足人的需求。人的活动也是景观的一部分，如种菜收菜、采摘水果、钓鱼捕蛙、剪枝施肥、晒麦扬场等活动。这些活动不仅体现了浓厚的乡土风情，还是人们了解乡村生活的一种重要方式。

第五节　乡村民宿景观的规划设计

一、民宿的概念及内涵

关于民宿的基本内涵，国内学术界还未形成统一的认识。一般认为，民宿最早来源于英国，主要指提供早餐和住宿的家庭旅馆，但近些年来，国内学者对民宿的理解已经有别于欧洲国家，更加接近于日本民宿的定义。因此，也有人认为民宿最早源于日本，主要是指由政府批准开业的，由个人经营的家庭式旅馆。民宿的经营者一般拥有自己的住宅，腾出多余的房间来接待旅游客人，并提供早晚两餐。日本早期的“民宿”指农民将自己家的部分起居室出租给游客，但随着民宿的不断发展，其定义也逐渐得到完善，对民宿添加了许多限定条件。例如，民宿必须以副业方式经营；经营者与消费者之间需要沟通交流；游客除了住宿产品之外，还应该享受民俗文化、风土人情。之后，民宿的定义又被解释成了满足消费者的精神需求，民宿需要营造住宿氛围，将人文精神注入民宿产品中，满足其对“乡愁”的追求。

民宿在我国最初以农家乐等形式存在，农民利用闲置房屋接待游客，带领游客体验乡村生活，从而获得相应收入。到20世纪80年代，随着城市化进程的推进和农业经济增长方式的转变，民宿业逐渐发展起来。民宿和乡村的旅馆酒店有较大的区别，这里的民宿是指利用自用住宅空闲房间或者闲置的房屋，结合当地人文、自然景观、生态环境资源以及农林牧渔生产活动，以家庭副业方式经营，提供旅客乡野生活之住宿处所。民宿不是像普通旅馆酒店一样有专门的运营人员参加，有相应的服务人员。民宿主人和旅游者的关系不仅仅是房东和租客的关系，民宿主人大部分都是本地的农户，他们对当地的风俗习惯、特色风光、旅游地都有深入的了解，而且他们本身的生活习性，朴实善良对旅游者来说也是对当地旅游感知的一部分。民宿充满着人情味，和酒店旅馆那些比较商业化的管理经营模式还是很不一样的。百闻不如一见，百见不如一感。旅游者住民宿的初衷正是在于品味和感知当地乡村淳朴的风土民情并亲身去体会当地的特色。

到21世纪初，随着我国乡村旅游业愈加受到青睐，越来越多的人愿意入住民宿，体验淳朴的农业生活，民宿形式和模式也渐渐发生了改变。随着生态环境的改善，传统村落的保护力度的加大，现在的乡村旅游越来越注重旅游体验，现代民宿已不再是单单提供住宿场所，还根据环境不同，承担着现代农业体验、传统文化传承、民俗活动承办等多样功能。

二、我国乡村旅游中的民宿类型及作用

（一）类型

1.“农家乐”型

随着城市生活节奏的加快，越来越多的人开始逐渐喜欢农村的休闲时光，于是“农家乐”的民宿旅游环境逐渐成为他们选择的类型，农家乐作为一种自发组织、自主经营的场所，可以为游客提供住宿、饮食以及休闲娱乐的环境。例如，在游客旅游中提供垂钓、篝火、采摘等活动，这些活动作为一种自发形成的，可

以满足游客的基本需求。但是，对于大部分农家乐的经营管理者而言，他们的前瞻意识不足，而且服务质量也相对较差，导致其缺乏长远性的规划模式，使其发展模式受到一定限制。因此，在“农家乐”型的旅游产业运行的背景下，需要认识到上述问题，实现“农家乐”型旅游文化的合理创新，促进旅游产业的稳定发展。

2.“各自为主”型

在传统乡村的旅游环境营造中，存在着“各自为主”的民宿模式，这些民宿主要为当地人所建造，将自家的房屋进行改变，装修完成之后为游客提供服务。在这种类型的民宿环境构建中，缺少正规的管理，导致一些服务设施难以得到有效保障。而且，在“各自为主”型的经营模式下也严重地影响了整个观光景区的形象，对乡村旅游产业的运行造成了严重的影响。

3.“文化特色”型

由于对乡土文化的重视，一些设计师将一些地域特色的乡土元素融入乡村民宿的规划设计中，使乡村民宿体现出浓浓的乡土文化特色。人们在这种旅游环境下不仅可以享受舒适的居住环境，欣赏优美的田园风光，而且也可以品尝地方的特色饮食，感受浓郁的乡土风情。这种“文化特色”型的乡村民宿使游客更为全面地感受到乡土文化的巨大魅力，实现特色文化的有效传承。

（二）乡村民宿建设的作用

1. 实现乡土文化的传承

在乡村生态文化的旅游产业发展中，通过民宿文化的发展，可以充分满足旅游文化与地方文化发展的一致性，实现乡村特色文化的有效延续。在社会经济发展的背景下，经济一体化是全球文化发展的必然需求，所以在该种文化中民众的生产方式以及生活状态趋于同质化。例如，旅游行业中，各地民族的旅游纪念品极为相似，所提供的服务以及内容也存在着相同的特点，这也就导致旅游文化趋于同质化。通过民宿理念的运用，其文化形式是实现地域文化持续发展的必然途径，而且也可以充分展现不同区域的文化特点，在民宿理念引入中，可以使乡村生态旅游文化得到创新发展，其融合的必要途径体现在以下几个方面：

第一，民宿能够促进乡村居民的经济，保证人们的日常收入以及经济盈利，提高当地人们的生活质量及生活水平。

第二，民宿服务手段以及服务层次逐渐改善，通过对地方文化以及传统民宿文化的宣传，可以实现对当地传统文化的有效延续。

第三，在乡村旅游产业发展中，只有地方文化得到有效发展，才可以在文化冲突时完整地保留特色文化，并为本土文化增添色彩，为旅游产业的发展提供有利支持。

2. 实现地域文化的创新，满足生态旅游的需求

通过对民宿旅游文化的分析可以发现，民宿是游客对区域文化深度了解的必要条件，也是构成生态旅游文化不可缺少的部分，其具体的文化优势体现在以下几方面：

首先，通过本土居民与游客文化的融合，可以使游客更加全面地了解区域文化，满足生态旅游的基本需求。相关的政府部门也需要认识到旅游文化传播的特殊性需求，在政策方面进行合理调控，实现旅游中相关内容的有法可依。企业需要在旅游中总体规划起到科学设计的作用。对于游客而言，在旅游中为了在真正意义上体验到地域的传统文化，需要融入民宿的生活之中，从而形成良好的生态旅游循环系统。

其次，民宿在旅游产业中不仅会为游客提供住宿活动，还会将区域文化作为主体，营造具有氛围的娱乐活动，提高游客对当地文化的认知能力。

最后，完善的民宿体系是生态文化旅游系统构建的必要环节，民宿的构建不仅可以体现政府的生态旅游政策管理体系，而且也可以全面反馈游客的心理文化内涵。同时，民宿需要承包景区的发展需求，并实现对旅游区域的合理考察，提升民宿文化的整体形象，促进生态旅游产业的可持续发展。

三、我国乡村旅游中民宿的发展现状

民宿最初的形式都是以“农家乐”的形式存在着，吃住在农家。这种形式的乡村民宿，相对简单和原始，也可以说是乡村民宿发展的初始阶段。随着乡村旅游逐渐趋向发展成熟，以乡村体验为主要内容，以回归自然、放松身心为目标的

乡村旅游逐渐受到市场和社会的广泛关注与认同。顺应着这种潮流，民宿在城市周边乡村旅游的地方逐渐兴盛起来。但是随着游客入住的时间和人数日益增加，旅游者对所居住民宿的要求也越来越高，乡村旅游中民宿所暴露的问题也越来越多，主要体现在以下几方面：

（一）缺少当地的特色

随着乡村旅游的推进，民宿迅速发展起来。全国有很多的地方都在发展民宿，但是目前国内的乡村民宿规划和设计还存在着许多问题，如某个地方的民宿如果发展得比较好，就会出现很多模仿者，建设与其类似的民宿，千篇一律的现象在我国乡村民宿的规划设计中屡见不鲜。游客住民宿的目的主要就是进一步地亲身体验当地的特色和风土人情。许多乡村民宿并没有结合当地的特色进行建设，没有从它的建筑风格、室内装饰、内部格局中体现当地特色。而是一味地模仿和照搬，主要体现在民宿的设计材料缺乏本土性和原生态性，不能充分体现出地方特色。

（1）由于乡村地理位置的限制，和外界的信息交流较为困难，导致乡村居民对民宿设计认知不足，在材料的选用方面表现出盲目性和跟风性。居民片面地认为使用高新材料更能凸显房屋的特殊性和提高舒适性，导致本土材料被边缘化，设计元素缺少原生态性。

（2）对乡村民宿和环境的关系理解过浅，设计乡村民宿时对原生态地形和周边环境的利用不足，造成自然资源的浪费。

（3）居民创新意识薄弱，对于周边的本土材料用法缺少改变，不能有效地发挥本土材料的优势。

（二）缺少合理的规划设计

现在全国大多数的民宿都没有进行合理的规划布局。许多地方在发展乡村旅游之初对民宿的选址布局没有进行提前的规划。基本是部分居民在原有居民房屋的基础上稍加修饰就成了民宿。分布比较分散，都是散户，没有规律，整体显得十分的紊乱。因此，选择合适的地理位置，进行合理的规划布局，把无序的分散变成有序的集中，让民宿有组织、有计划地进行对乡村民宿的发展非常重要。

另外，由于交通设施的不顺畅，一些乡村居民一生都生活在村庄里，接受的房屋设计理念都是适用于农活的设计布局，导致设计出来的房屋只能适用于自身的日常生活，不能满足来自外来游客的具体需求，无法提供良好的入住体验。例如，观景平台的设计，部分业主随意修建平台和增设相关设施，虽然部分平台提供了良好的视野，但对整体上的设计造成极大的破坏，甚至影响了其他观赏视角。

（三）缺少配套的基础设施

随着民宿的发展和壮大，与之相关的基础配套设施也应该完善起来。这里所说的基础设施不但包括基础的电、灯、水、路、卫生间、热水器、空调暖气等，还包括一些公共设施，如健身器材、垃圾桶、活动场地、路灯、停车场等。这些也是发展民宿必不可少的。民宿在保持其特色的同时最重要的是让来游玩的人感到愉快和舒适，这两者缺一不可，有好多地方的民宿都忽略了这一点。

（四）缺乏品牌意识

现在的民宿都是处于乡村旅游地的部分居民利用自家的房屋，小打小闹地进行着民宿的经营。各家自营，各推各的，分布零散，经营零碎，没有成体系的服务和规模，单单靠几户居民各自为政的经营成不了品牌。缺少品牌意识的民宿走不了多久，一味地模仿，零散地经营，没有合理的经营理念和创新的品牌意识的民宿也跟不上现在乡村旅游发展的脚步。

另外，设计风格趋同导致区域内的乡村民宿设计风格大多千篇一律，市场差异化不明显，缺乏特色。民宿设计都按照商业套房设计，对于原住宅全部推倒重建，没有因地制宜地达成设计方案，设计缺乏自己的特色，设计风格出现单一性、可复制化、大众化，没有达到民宿改良设计的初衷。这类民宿无论从外观形貌、内部布局装饰还是文化表达方面上，都很难体会到民宿独有的设计特色。

四、乡村民宿规划设计原则

（一）统一规划，合理布局

民宿要进行统一规划，合理布局。要在符合经济社会发展总体规划、土地利用总体规划、生态功能区规划和旅游业发展规划的前提下，以农家乐综合规划体系为指导，选择一批自然环境优美、文化底蕴深厚、基础设施相对完善、具备一定发展潜力的村庄率先发展乡村特色民宿。整体布局要彰显乡土特色和地域文化特点，根据当地的特色自然环境，民风民俗，把民宿的选址布局有计划有依据地选定。而不是随意一装修就是民宿，要统一规划设计。这样就不会显得那么混乱，而且也能提高民宿质量，更好地为游客提供服务。

对于沿江、沿路、沿景的“三沿”区域、历史文化村落、基础设施较完整的，要统一布局规划乡村特色民宿，对现有农家乐经营户通过提升改造，发展成乡村特色民宿。

（二）民宿风格，凸显特色

民宿也是建筑，在不同的地方建筑有不同的特点，当地的民宿在建筑设计、外观、风格、内部装饰设施等都要充分体现出当地的文化特色，让游客记住这个地方。设计一个民宿，不是简单地设计一栋房子，而是设计一种生活形态。要充分考虑到游客远道而来，其目的主要是体验当地特色的乡村生活，因此在民宿的设计上不能只重视外表，而是要把民宿的内涵和设计理念融入进去，把当地的风俗习惯融入进去，把民宿的灵魂做出来，这样的民宿才更具有生命力。

在民宿房间装饰装修上，做好深度策划，打造极具创意和景观美学概念的特色民宿产品，充分体现主人的创意和心意。深入挖掘乡土文化内涵，加大对传统艺术、传统民俗、人文典故、地域风情等非物质文化遗产的发掘力度和传承力度。室内摆设、用品和室外小品布置要体现乡土情调，注重淳朴民风的保持和发扬，做到人居环境和人文环境、自然环境的有机融合。

改建民宿要保持原汁原味的当地生活，让游客真真实实过上当地的生活。新建民宿应尽量把老百姓的生活融入进去，规划设计要研究当地的民风民俗，研究当地百姓的生活习俗、宗教信仰、劳作习惯，把老百姓的生活真实地呈现出来。有条件的地方应发展一些拓展项目，用情景再现的方式反映当地百姓生活。设计一些体验项目，满足游客体验需求。

（三）遵循生态环保的设计原则

民宿旅游作为乡村旅游的一种类型，对乡村环境有高度的依托，而且与农业生产是相互促进的。因此，在民宿旅游中游客消费的更多是一种原生态的环境，其周围要具有乡村意象、乡土特色，否则就仅仅是住房或是餐馆的性质，不能成为民宿旅游。民宿设计者要遵循保护环境的设计原则，以不破坏原有的自然景观、不污染原有的生态环境为前提，具体来说要做到以下几点：第一，以尊重的态度对自然及人文环境进行规划设计，使人为的建设对自然环境产生加分的效果；第二，尊重多样化生物的生存权，避免自然生物栖息地及迁徙路径被破坏，这样才能保护生态环境的完整；第三，减少对地形及地貌的破坏，用最少的人为设计和建造来达到民宿设计的目的。

（四）健全共享配套设施

乡村旅游的民宿要想长久发展，配套设施必须得跟上。配套设施不齐全会影响游客对民宿整体的印象，不利于民宿形象的推广。民宿是一个集群性非常强的产业，因此，民宿必须要抱团发展，同一区域共享基础设施，共同建设民宿。但是，在公共设施不健全的情况下，个体民宿肯定会走向单打独斗，自立门户，一切问题自己去解决，这样一来，不仅增加了民宿的成本，也提高了民宿的消费单价，导致同一地区的民宿无法形成合力而产生恶性竞争。所以，发展民宿要健全民宿周围的配套设施，并让大家齐心协力共同享用和维护这些设施。

（五）增加创意性、乐趣性

民宿的发展离不开乡村旅游的大环境，为了增强村落的可游性和体验性，可以选取村落中的历史文化遗存并充分利用村落特色的民俗文化，植入休闲、娱乐、餐饮、购物等业态，打造如文化集市、博物馆、民俗餐厅等丰富的乡村文化休闲产品体系和文化游赏体系，把其作为民宿的配套产品，增强游客的体验性，增添旅游的乐趣。

（六）提高服务质量

民宿的发展不能忽视服务。民宿作为乡村旅游接待游客住宿的地方，除了内在的文化风俗特色，外在的相应的服务也是十分重要的。游客住民宿不仅仅是要体验当地的风土人情、百姓生活，而且还需要舒适的体验。如果民宿其他方面做得都很好，而服务态度不好，服务品质不高，游客对这个民宿也不会有好的印象，离开的时候也不会心旷神怡。所以，提高服务品质对整个乡村旅游中民宿的发展有着十分重要的作用。

五、民宿建筑与室内空间设计

（一）建筑外立面改造

建筑外立面改造设计要保留乡村建筑的淳朴风貌并具有特色，要与周围环境协调一致。此外，还需要考虑到客房采光以及观景的需求，适度增加建筑正对景观立面的开窗面积，并辅以与建筑、环境相协调的材质（如木格栅），这样的处理会使得在符合采光需求的基础上建筑立面更为统一与和谐。当然民宿氛围的塑造远远不仅仅是外立面的改造，更需要对能体现出当地独特的居住环境、景观以及文化的建筑、室内与院落的设计改造。

（二）客房室内改造设计

住宿的作用对于民宿来说无疑是最基本的功能，在客房空间设计时，总体设计思路仍然是从本土化、地域化的角度出发。在装饰、装修材料的选择上原则应该“就地取材”，并充分考虑到经济性和地域性这两个因素。

1. 经济性

例如，顶面、墙面的木材我们用一些废弃的树枝，去除树皮后刷清水漆，这样既可以节约材料成本，又可以创造独特的装饰效果。

2. 地域性

当地材料与当地的文化、建筑环境易形成统一的风格特点，有助于形成地域性特色文化。例如，在客房设计时，室内某一面墙保留建筑原有的石材，使室内空间用材与建筑、景观形成统一协调的关系。原建筑窗面积尽可能地加大，使更多的阳光能够进入房间，同时可以使景观与室内产生联系，加强室内观景的效果。此外，在室内装饰方面，要力求简洁，室内陈设要体现地域性文化特征，如海景民宿室内设计中挂画，可以选择当地渔民捕鱼的情景画作为装饰使用，可以加强室内设计中当地文化特点，使人印象深刻。

（三）民宿餐厅规划设计

餐厅也是民宿区重要功能区之一，对整个民宿区的营业绩效影响很大，在设计时需结合民宿区自身的规模、客流量以及资金的预算等条件，来确定主流顾客及供餐方式，规划重点包括以下几点：

1. 空间

餐厅区域尽量使得空间能够开阔，将室内外空间联系起来，多用“借景”手法，如将南北向墙面改为落地通透的透明玻璃及加大玻璃门扇，以便客人进出同时可将视野延伸到室外，甚至举办大型活动，增强容纳多人同时进出的便利性，同时依靠光照及各种特色装饰品，营造出具有当地特色环境的空间氛围。

2. 动线

在动线设计上要做到以下几点：第一，动线要能短而便捷，在动线设计上顾客的流动路线要有主次之分，在入口到餐桌要能够做到最短，方便顾客的出入；第二，尽量避免交叉，送餐动线和顾客动线、每座顾客之间的动线都应避免交叉，否则会影响空间的秩序性；第三，动线设计具有灵活性，在动线布置时应增加动线的灵活性，如在布置动线时应该尽量使空间动线能够形成循环，增强空间动线的灵活性。

3. 照明

适当的空间照度及装饰照明可以塑造餐厅空间的氛围，同时亦能提高顾客的安全感，如适当采用壁灯来进行照明，可以突显出空间立面的装饰性且消除压迫感，让室外的景观环境融入室内环境中，增强室内外空间及景观的联系性，同时又可以创造出柔和的光线和舒适的视觉感受，在光色的选择上宜采用柔和的暖白色光源，这样避免落入俗套，更加能够彰显农村文化特色。

4. 情境塑造

在餐厅空间的材料质感上，应多采用木造的情境为主。木桌椅、梁柱、木质立面所有接触的部分都以木造为主。木质材料会给人温暖的感觉和较多孔隙的质感，能让人体验出休闲感和空间感。

（四）建筑景观院落空间改造

“有宅必有院”是我们中华民族的传统，院落的有无可以说是民宿与传统酒店的最大区别，院落的存在会使民宿更加有“民宿”的感觉，因此民宿院落设计在民宿设计中具有十分重要的地位。在民宿院落设计时，应注意以下两点：

1. 院落的统一和变化

民宿院落的布局和民居院落的布局方式存在很大的相似性，但同时又要依据每个民宿院落的自然条件、宅基条件、功能要求、规模、形状等因素，在设计时使院落之间又存在一定的差异变化，最终形成整体协调统一而又内容丰富、特色鲜明的民宿院落的空间形态与景观。

2. 注重适应性设计原则

民宿的院落空间设计原则是要满足使用者需求的多样性，满足不同人群需要。这与传统村落院落空间功能需求有所不同。

（五）民宿建筑中的户外公共空间环境设计

民宿区户外公共空间环境是最能代表民宿区地域文化的标志之一，民宿区公共空间环境是让游客感受当地的民风、民俗以及接近自然的一个重要场所。它的目的是为了人与环境能够有机融合。因此，在民宿区中的公共环境设计应考虑以下几方面：

1. 充分体现对人的关怀

有些民宿区为达到最大的经济利益，违规建筑越建越多，相对的公共空间越来越少。势必造成地域特色传统文化和人际关系遭到破坏，人在这个空间中身心体验会受到极大的影响。作为设计者要充分考虑作为主体的人的生理和心理需求，设计应该充分考虑环境对人的关怀。

（1）人在公共空间的安全感

根据马斯洛社会需求原理，安全感是人在精神需求中的最基本的需求，因此在民宿空间设计中，设计者必须考虑人在空间环境中的安全感因素，以保证人在空间中身体上、精神上能够彻底地放松而不是压抑，这样一个民宿区公共环境才是成功的。

（2）适宜的空间尺度

公共空间环境的尺度是空间设计的一个重要因素，适宜的空间大小与比例可以使游客活动、交流的空间保持稳定。同时，也需要提供休闲娱乐空间、集聚场所、应急场所的公共空间。

（3）完善的公共设施

在民宿区公共空间中设置完善的街道和公共设施，如小巧的垃圾桶、景观座椅以及各种艺术灯具、各类标志标牌等。

2. 充分体现“人与自然和谐”的理念

在现代社会这种高强度的工作、学习、生活方面的压力下，人们渴望亲近自然。因此，在设计时应大量地增加绿地、花坛、植物，让建筑与自然和谐共处，将自然的美延伸到民宿区，让游客充分亲近自然，感受自然。

3. 公共空间环境设计中的地域特色文化表现

一个成功的环境设计应该能够对继承城市传统生活方式、保护古建筑、改善城市环境等都起到积极的作用。在公共区域的设计时，首先需保留部分原有的建筑，对它进行维护。其次，运用地域性建筑的独特元素进行创新，将这些元素（如穿斗式结构、夯土墙等）运用简化、抽象以及材质替换等手法，用现代的技术赋予传统建筑新的生命。提升民宿区公共空间的地域性文化内涵，体现独特的地域文化。

六、旧民居改造的乡村民宿建筑设计方法

“民居”可以简单地理解为老百姓的住所，与城市中的商品房是有很大区别

的。民居是处在特定的环境中，从功能上和使用人群上都有别于其他建筑。受到乡村旅游和利益的驱动，越来越多的旧民居被改造成适合民宿经营的建筑类型，这种改造实质是民居建筑的现代化转型，闲置的农宅植入新的生命，这种赋予新生命的转型方式需要正确的改造方法作为指导。

（一）外部环境融合

对于乡村民宿改造，改造的不仅是建筑本身，因为建筑是一个区域的产物，处在特定的环境之中，受所在地地理条件制约。民宿建筑本身就不是一栋看似简简单单的民居，也不能单独以一个独立的基地来看待，它与周边乡村生活、环境有着不可分割的关系，它需要与所在地文化理念积极融合。老房子改造的民宿建筑应该以不破坏周围整体环境为原则，与周围的环境和场所和谐共生，并赋予周围的环境和场所新的意义，建筑的形式、材料、色彩、精神等都是体现民宿特色的主要形式。

选择老房子改造成乡村民宿首先要考虑其所处的地理环境，民宿与其所依托的旅游资源的关系要存在地域上的便利条件，才能使得民宿更好地发展。民宿主人也不能只依靠当地资源，必须以尊重地域自然生态为最基本的出发点。民宿改造中力图对小环境进行最小的破坏，要充分挖掘和突出当地文化元素，以保护和凸显当地元素为前提，营造与自然和谐共生的氛围。

（二）内部空间整合

在乡村民宿改造过程中，建筑再创造以内部重新空间整合为主，营造出满足不同人群需求的空间。去留得当的改造设计，使得乡村民宿既能满足人的吃住，还能打造出新的空间体验。

1.空间的功能更新

被改造后作民宿的乡村旧建筑大多是居住类的建筑，主要是对于空间的功能更新，在功能更新的过程中伴随着加建和改建的行为，尽量利用与需求大致相同的建筑空间进行适当的设计，不对整体结构大调整，使内部空间和功能得以适宜的革新。乡村民宿最重要的功能空间有住宿空间、餐饮空间、公共空间、庭院空间等。

2. 空间的重新组织

乡村民宿更新改造就是对建筑空间的水平方向划分和垂直方向划分。水平方向上的划分主要是在结构允许的情况下，根据新功能的需求，将平面上的可移动性墙体进行合理放置，如凤凰居中一层平面将原有的墙体拆除，使大厅空间和吧台以及餐厅成为一个大空间，使用家具、楼梯等进行灵活的划分空间。垂直方向的整合主要是楼层的划分，竖直方向空间的合并会增大空间的视觉效果，竖直方向的空间分隔，拆掉中间的隔墙和楼板，把两层高的空间分割为三层错层，会提高使用效率。

（三）建筑细节调和

好的民宿从细节开始，民宿的任何一个角落都能成为民宿主人情怀的表达，入住其中，可以深切感受到民宿主人的个人风格和建筑风格，不同的细节处理方式和材料表达等都可以营造出不同的建筑风格。建筑师吉奥·瓯北塔认为宜人的物品是很重要的，因为细微的节点会影响人们的心情。入住其中，是否能让人深切感受到全身心的放松，是否能让人体验到建筑独特的魅力以及民宿主人的情怀，卫生间是否能让人方便舒适地使用，卧室的露台是否能让人惬意地冥思……这些问题都应该被重视，那些去体会乡村生活、释放压力的旅行者们都会很细心地审视着他们所居住的场所。对于老房子建筑细节的更新需要做到协调与和谐，通过改造凸显出建筑本身的韵味。细节设计时要着重考虑空间情节的表达，使人们进行一种体验式居住。改造设计中可以从以下几方面来营造情节：

1. 生活场景

生活中的亲身体验会成为营造空间的元素。例如，赖特草原别墅中的壁炉，是表达了草原生活，严寒冬日大家围坐在壁炉旁，壁炉里的干柴烈火温暖了整间屋子，也温暖了围坐在一起的人们。它是一种能感觉到并且能看得见的温暖，在民宿设计里增加这样一个角落，为到来的客人提供一个嘘寒问暖的机会。

2. 乡土印记

乡土印记就如人生下来的胎记一般不可移除，乡村的记忆在建筑改造过程中一般以旧物新用、陈设和装饰、建筑材料和色彩几方面来表达。

（1）乡土建筑改造过程中，旧物新用是很常见的一种处理手法，不仅节省费用而且体现乡土性。

（2）家具陈设和装饰。老的物件都伴有岁月的痕迹和深藏的故事，经典的木箱、老电话、钟表、藤编家具等带入民宿空间中，新旧的碰撞下，再添加一些绿植和温润的木质搭配就会显得协调而更复古。

（3）建筑材料和色彩在乡建中由于改造不失乡土性，优先选用当地材料，就地取材，这样既经济又方便且与当地环境相融合，让旅居者感受到土生土长的地域性建筑。改造过程中主要以石材、竹子、砖、瓦、木材等生态环保材料为主。现代材料为辅，根据不同需求进行合理搭配施工，进而营造出修旧如旧、新旧对比。原舍的青砖的采用，使人们感受到素雅、古朴、宁静、厚重的美感。例如，一些民宿采用陶土烧制的青瓦，蕴含着一种优雅、朴实的历史质感。

七、总结

"因地制宜、彰显特色、合理布局、有序发展"是民宿设计的基本要求，因此在民宿建筑空间设计时，应该结合当地的乡土文化、自然景观、周边环境资源，对建筑外立面、室内空间进行精心设计、装修。在尊重建筑的现代创新基础上，提取地域性文化符号作为建筑室内设计的元素并合理运用到建筑室内外空间设计中，充分体现地域性特色。内部生活设施的装修宜采用本地材料，以方便舒适为目的，将传统建筑与现代化的生活设施进行完美结合，让顾客在充分体验到当地的民俗、民风、文化的同时还能体验到现代生活的舒适。

民宿的精华在于"融合"，人与物、物与情、新与旧、传统与现代、感观和质感等，交相辉映，相互融合，这样才能真正呈现出一种浓厚的生活气息。这也是乡村民宿建设最重要的理念。

第六章　中国传统造园理念与乡村景观建设

第一节　中国传统园林的演化与分类

一、中国园林的演化

我国园林艺术有着悠久的历史和独特的民族风格，传统园林既是融合了建筑与自然、庭院与户外的空间环境工程，也是中国传统文化艺术的综合性载体，在国际园林发展史上都享有崇高的地位。它的发展主要经历了萌芽期、形成期、发展转折期、成熟期、高潮期、变革期、新型期几个不同的历史发展时期。

（一）萌芽期

中国园林的兴建始于殷商时代，当时的商朝国势强大，经济发展较快。在出土的商朝甲骨文中就有了“园、囿、圃”等字的记载，从“园、囿、圃”的活动内容可以看出“囿”最具有园林的性质。在商代，帝王、奴隶主盛行狩猎游乐，“囿”是就一定的地域加以建设或改造，让天然的草木和鸟兽滋生繁育，还挖池筑台，供帝王们狩猎和游乐。《史记》中记载了银洲王“益广沙丘苑台，多取野兽蛮鸟置其中。”在囿的娱乐活动中不仅仅是狩猎，同时也是欣赏自然界动物活动的一种审美场所。因此说，中国园林萌芽于殷周时期，“囿”是中国最初的园林形式。

春秋战国时期，出现了思想领域“百家争鸣”的局面，其中主要有儒、道、墨、法、杂家等。当时神仙思想最为流行，其中东海仙山和昆仑山最为神奇，流传也最广。东海仙山的神话内容比较丰富，对园林的影响也比较大。于是，模拟东海仙境成为后世帝王苑囿的主要内容。

（二）形成期

秦始皇统一中国后，建立了中央集权的秦王朝封建帝国，开始以空前的规模兴建离宫别苑。这些宫室营建活动中也有园林建设，如《阿房宫赋》中就描述了阿房宫的宏大场景，“覆压三百余里，隔离天日……长桥卧渡，未云何龙，复道形空，不霁何虹。”

到了汉代，又发展出新的园林形式“苑”，其中分布着宫室建筑。苑中养百兽，供帝王狩猎取乐，保存了囿的传统。苑中有观、有宫，成为建筑组群为主体的建筑宫苑。汉武帝时期国力强盛，政治、经济、军事都很强大，此时大造宫苑。汉上林苑地跨五县，周围三百里，“中有苑三十六，宫十二，观三十五”可见当时苑的建造规模之大。

（三）发展、转折期

魏晋、南北朝时期的园林属于园林史上的发展、转折期。这一时期是历史上的一个大动乱时期，是思想、文化、艺术上有重大变化的时代。这些变化引起园林创作的变革。西晋时已出现山水诗和游记。当初，对自然景物的描绘，只是用山水形式来谈玄论道。到了东晋，如在陶渊明的笔下，自然景物的描绘已是用来抒发内心的情感和志趣。反映在园林创作中，则追求再现山水，模仿自然。南朝地处江南，由于气候温和，风景优美，山水别具一格。这个时期的园林穿池构山而有山有水，结合地形进行植物造景，因景而设园林建筑。北朝对于植物、建筑的布局也发生了变化，如北魏官吏茹皓营造华林园，“经构楼馆，列于上下。树草栽木，颇有野致。”从这些例子可以看出南北朝时期园林形式和内容的转变。园林形式从粗略的模仿真山真水转到用写实手法再现山水；园林植物由欣赏奇花异木转到种草栽树，追求野致；园林建筑不再徘徊连属，而是结合山水，列于上下，点缀成景。

南北朝时期园林是山水、植物和建筑相互结合组成山水园。这时期的园林可称作自然山水园或写意山水园，佛寺丛林和游览胜地开始出现。南北朝时佛教兴盛，广建佛寺。佛寺建筑可用宫殿形式，宏伟壮丽并附有庭园。尤其是不少贵族官僚舍宅为寺，原有宅院成为寺庙的园林部分。很多寺庙建于郊外或选山水胜地进行营建。这些寺庙不仅是信徒朝拜进香的胜地，而且逐步成为风景游览的名胜区。此外，一些风景优美的名胜区，逐渐有了山居、庄园和聚徒讲学的精舍。这样，自然风景中就渗入了人文景观，逐步发展成为今天具有中国特色的风景名胜区。

（四）成熟期

中国园林在隋唐时期达到成熟，这个时期的园林主要有隋代山水建筑宫苑、唐代宫苑和游乐地、唐代自然园林式别业山居和唐、宋写意山水园、北宋山水宫苑。

1. 隋代山水建筑宫苑

隋炀帝杨广即位后，在东京洛阳大力营建宫殿苑囿。别苑中以西苑最著名，西苑的风格明显受到南北朝自然山水园的影响，采取了以湖、渠水系为主体，将宫苑建筑融于山水之中。这是中国园林从建筑宫苑演变到山水建筑宫苑的转折点。

2. 唐代宫苑和游乐地

唐朝国力强盛，长安城宫苑壮丽。大明宫北有太液池，池中蓬莱山独踞，池周建回廊400多间。兴庆宫以龙池为中心，围有多组院落。大内三苑以西苑最为优美。苑中有假山，有湖池，渠流连环。

3. 唐代自然园林式别业山居

盛唐时期，中国山水画已有很大发展，出现了即兴写情的画风。园林方面也开始有体现山水之情的创作。盛唐诗人、画家王维在蓝田县天然胜区，利用自然景物，略施建筑点缀，经营了辋川别业，形成既富有自然之趣，又有诗情画意的自然园林。中唐诗人白居易游庐山，见香炉峰下云山泉石胜绝，闲置草堂，建筑朴素，不施朱漆粉刷。草堂旁，春有绣谷花（映山红），夏有石门云，秋有虎溪月，冬有炉峰雪，四时佳景，收之不尽。这些园林创作反映了唐代自然式别业山居，是在充分认识自然美的基础上，运用艺术和技术手段来造景、借景而构成优美的园林境域。

4. 唐、宋写意山水园

从《洛阳名园记》一书中可知唐、宋宅园大都是在面积不大的宅旁地里，因高就低，掇山理水，表现山壑溪流之胜。点景起亭，览胜筑台，茂林蔽天，繁花覆地，小桥流水，曲径通幽，巧得自然之趣。这种根据造园者对山水的艺术认识和生活需求，因地制宜地表现山水真情和诗情画意的园，称为写意山水园。

北宋时山水宫苑建筑技术和绘画都有发展，出版了《营造法式》，兴起了界画。政和七年（1117年），宋徽宗赵佶始筑万岁山，后更名为艮岳，岗连阜属，西延平夷之岭，有瀑布、溪涧、池沼形成的水系。在这样一个山水兼胜的境域中，树木花草群植成景，亭台楼阁因势布列。这种全景式地表现山水、植物和建筑之胜的园林，就是山水宫苑。

（五）高潮期

元、明、清时期，园林建设取得长足发展，出现了许多著名园林，三朝皆建都北京，完成了西苑三海（北海、中海、南海）、圆明园、清漪园（今颐和园）、静宜园（香山）、静明园（玉泉山），达到园林建设的高潮。

元、明、清是我国园林艺术的集成时期，元、明、清园林继承了传统的造园手法，并形成了具有地方风格的园林特色。北方以北京为中心的皇家园林，多与离宫结合，建于郊外，少数建在城内，或在山水的基础上加以改造，或是人工开凿兴建，建筑宏伟浑厚，色彩丰富，豪华富丽。南方苏州、扬州、杭州、南京等地的私家园林，如苏州拙政园，多与住宅相连，在不大的面积内，追求空间艺术变化，风格素雅精巧，因势随形创造出了“咫尺山林，小中见大”的景观效果。

元、明、清时期造园理论也有了重大发展，其中比较系统的造园著作就是明末计成的《园冶》。书中提到了“虽由人作，宛自天开”“相地合宜，造园得体”等主张和造园手法，为我国造园艺术提供了珍贵的理论基础。

二、中国园林的分类

（一）按照园林基址和开发方式不同分类

1. 人工山水园林

人工山水园林一般是在平地上建造园林，通过堆筑假山，开凿水体，人为地制造一个山水地貌，并配以绿色植物和建筑点缀其中，在一个较小的范围内营造一个山水风景园林。这类园林一般建在较为平坦的城镇之中，在城镇建筑环保的空间里面模拟建造一个天然野趣的小环境，也被称为城市山林。我国这种造园方式非常普遍，苏州园林就属于这种造园模式。人工山水园林也是最具有代表性的中国古典园林艺术的一个类型。它的规模从小到大不等，由于人工山水园林所受限制性很少，因此人的创造性得到最大程度地发挥。这类造园的方法丰富多彩，并具有诗情画意般的意境。

2. 天然山水园林

天然山水园林一般利用自然山水景观，一般建在城镇近郊或远郊的山野地带，充分利用当地的自然环境，对基址的地貌因地制宜地进行调整、改造、加工。山水园林包括山水园、山地园和水景园。

（二）按照园林隶属关系分类

1. 皇家园林

皇家园林隶属皇帝或皇室私有，在古籍中被称作苑、苑囿、宫苑、御苑等。封建王朝的皇帝拥有统治阶级至高无上的特权，拥有雄厚的经济实力，占用大面积的土地营造园林，因此皇家园林气势宏伟壮观，所体现出的艺术水平极高。皇家园林的特征主要有：规模一般非常宏大，建筑物雄伟壮丽；空间组织上体现了大一统的集权思想；皇家园林严格遵守封建宗法、礼教、等级制度。在皇家园林的整体布局上院落组合、院落布局、要素分布、装饰等都严格受到封建宗法、礼教、等级制度的约束。

2. 私家园林

私家园林一般属于民间的官僚、地主、商人、文人。在古籍中称为园、园亭、园墅、池馆、山庄、山池、别墅等。私家园林和皇家园林相比，无论从内容还是规模上都要逊色许多，在城镇里建的私家园林大多数都是宅园，它依附于住宅，呈现出前住宅后园林的格局。

明清时期是中国园林发展的高峰时期，也是私家园林发展的黄金时期。例如，江南的“沧浪亭”“留园”“拙政园”延续了唐宋的建园风格，从审美观到园林意境都是“观小见大”“须弥芥子”“壶中天地”等创作手法。诗情画意、自然写意成为创作的主导。园林中的建筑起到了空间界定的作用，成为造景的主要手段和方法。园中不仅模仿了自然山水，而且将各地名胜模仿于一园，加以写意创作，利用山、石、植物、水体并充分利用周围的自然环境景观形成自然人工相合同构、园中园外相映成趣的整体面貌。从整体到局部包含着浓浓的诗情画意，体现了人工与自然的完美结合。

园林在造景方面讲究不留死角，移步换景。使园林游园者不断体会和揣摩景园的情趣和意境。园林虽然不讲究对称，但是注重个别因素的平衡，达到视线景观的和谐舒畅。因地制宜、意在笔先成为造园的依据。“虽为人作，宛自天成”成为中国园林追求山水画境界的真实写照。

此外，讲究园林景致的远近层次也是私家园林的典型特征，因此私家园林多呈现出层次丰富、景致深远、曲径通幽的境界。所以在私家园林里能更多地感受到移步异景的乐趣，获得深远的审美感受。

3. 寺观园林

我国的寺观园林分布也非常广泛，寺观园林是佛寺和道观的附属园林，包括寺观内外的园林环境。由于佛教、道教的寺观一般选择在深山水畔，寺观周围的环境优美清静。周围的树木不允许砍伐，因此古木参天，绿树成荫，再配以小桥流水，名贵花木，形成了寺观周围幽美的景观。寺观园林一方面依附优美的自然环境；另一方面又与气势恢宏的庙宇建筑相映衬，更显得庄重肃穆。

4. 乡村园林

在中国古典园林的研究中，一般只包括皇家园林、寺观园林和私家园林，对于颇具自然风貌的乡村园林很少研究，其主要原因在于我国传统乡村园林并没有传统园林的围墙，一般呈现出向外形布局。它们作为乡村居民们公共交往、休闲、游憩的场所，多是利用河、湖、溪等水系稍微加以园林化处理。传统的乡村园林也为今天的乡村景观规划建设提供了宝贵的建设经验。

三、中国传统园林的审美内涵

中国传统园林艺术形式精巧典雅、文化意蕴丰富，由表及里，其审美内涵可以细分为视觉美、生态美、文化美、情感美四个层次。

（一）视觉美

视觉美通常是艺术审美给人的表层感受，对于风景园林而言，这是最基本的设计目标，也是审美鉴赏的第一步。中国古典园林常常被叫作“花园子”“后花园”，与世界各地的传统园林一样，在宅园合一的居住环境系统中，这里总是最美丽的艺术空间。

在视觉审美上，西方园林艺术通常强调具有透视效果的风景线，而中国传统园林造景艺术则源于传统的文人画，具有写意山水画的散点透视特征，表现出鲜明的艺术个性。园林造景通常既不用高大的建筑、笔直的园路或华丽的几何线条来聚焦视线，也缺少西方园林那种油画般的细腻写实。然而，当人们置身园中却总有一种全身心的审美感受，游园如同鉴赏一组组若断还续的花鸟画卷、山水图册。这种视觉审美效果源于园林从局部到整体的巧妙设计。

在局部造景上，中国传统园林通常以因地制宜、宛若自然的方式，处理水形、山石、驳岸、花草、竹树、墙垣、路面、花窗、廊榭、亭台等元素，使之构成和谐呼应的环境系统，彼此形成对比、衬托、掩映、点染、渗透、留白、对景、借景、框景、隔景、象征等艺术效果，使人无论从哪个角度看去，眼前总有含蓄而典雅的画面。许多造景细节貌似随意，实则精心设计，门前一段粉墙，廊道一处转角，窗外一丛芭蕉、翠竹，皆是精巧雅致的艺术小品，值得人们驻足玩味。因此，这种园景不仅乍看起来自然美丽、赏心悦目，而且经得起放慢脚步、静心品鉴，尤其值得在清风微雨中倚栏安坐，细细品味。

在整体设计上，中国传统园林通常借助游廊、曲桥、幽径、洞门、漏窗等流动性造景元素，把园林空间巧妙地串联组合起来，完成不同区域园景视觉美的自然整合，形成景随人移的动态美感，赋予不同区域园景之间起承转合的内在韵律，也使园林造景的空间叙事与抒情始终保持主题的一致性。

（二）生态美

园林是建造在土地上的设计艺术，生态设计是其内在的固有属性。中国古典园林艺术的哲学基础主要源于道家自然观，因此，园林无论大小，总是力求形成一个相对完整自足的生态体系，在其营造之初，传统园林绝大多数都具有自然和谐、生机勃勃的艺术境界。在生态设计方面，中国传统园林有其独特的审美个性。

1. 造园选址

古人对造园选址的位置以及周边环境的生态体系非常重视，对城市园林选址更有特别的思考。明末清初的造园家计成在《园冶》中说，园林选址“惟山林最胜”“市井不可园也，如园之，必向幽偏可筑”。文震亨在《长物志》中也说：“居山水间者为上，村居次之，郊居又次之。”例如，苏州的一些传统私家园林，留园在西北城垣外侧，拙政园、狮子林、耦园在东北城垣内侧，网师园、沧浪亭则在古城东南隅的河边。这些园林选址就以偏为上，既远离闹市，便于深居简出、闹中取静，又因为这些地方直至清代中期仍然是古城内的农业生产基地，是生态系统更加完整的、城市里的乡村。

2. 园林功能

自隋唐实行科举制度以后，耕读持家逐渐成为中国古代文人最基本的生活模式，因此，园林不仅是主人修身养性的文化空间，也是保障家族自给自足之需的生产空间，生产功能长期是园林的基本功能之一。例如，在沈周为文徵明所绘的故园《东庄图》中，就有麦田、竹田、稻畦、果林、荷塘、鱼池、菱河等生产性景观。直到晚清以后，社会生产的分工更趋细化，民族工商业生产逐渐繁荣，园主大多不再依赖园林产出来维持家族生计，园林造景的游赏功能被不断强化，传统园林的生产功能则随之逐步萎缩。

3. 造景艺术与工程技术

在艺术与技术方面，中国传统园林尤其强调朴素自然的生态之美，并形成了独特的审美风格，这与西方园林造景也形成了鲜明的对比。

另外，中国传统园林还强调对园外环境的资借融渗，常常借助园外的山林、河湖、田圃、塔影等自然成景，因此，园内小环境与园外大环境的生态体系之间也往往和谐一致。

（三）文化美

文化美是艺术鉴赏的深层次审美感受，与西方园林艺术审美相比较，中国传统园林艺术在文化美方面具有鲜明的审美个性，这可以从三个方面来解析。

首先，中国传统园林以建筑和造景为依托，集纳了雕塑、装饰、绘画、戏曲、音乐、诗歌、书法、园艺、民俗等诸多艺术形式于一体，是传统文化的综合性载体。其次，从造园动机与艺术表现来看，中国传统园林主人大多是当时的文化精英，他们阅遍自然的江湖山岳，因此，卷山勺水的写意即可寄托其对自然山水的逸情与怀恋；他们大多曾历经了人生沉浮，园景设计大多浸透着其对世事沧桑的阅读和思考。这些都使传统园林透射出浓郁典雅的文人气质。最后，传统园林的文化美最突出的表现是审美主题、整体环境和造景细节之间的高度一致性。中国传统园林通常整体设计主题鲜明，局部造景文化意蕴丰富，园中的建筑、山水、木、品题、诗画、雕刻等元素绝不孤立存在，而是体现着丰富的文化内涵。

（四）情感美

情感美是中国传统园林文化之美的延伸，也是最深层次、相关理论研究最为不足的审美特征。可以从两个方面来解析：

其一，园主人借造园以抒情。长于抒情是中国传统文人艺术的共同特征，这种抒情主要是通过借助景物来实现的。自唐宋以来历代名园主人大多是富有文德与才情的君子，常常借助园林造景来标榜情志，于是，园林中的梅、兰、竹、菊、山、林、水、石等都不再仅是自然之物，而是被赋予了特定情感意象的雅物，是在品格修养上与主人相知共勉的知音，成为主人比德抒怀的“情语”。同时，园主人也常把自己的学思感悟、人生经历、哀乐之情、内心愿望等凝练熔铸为诗文、楹联、匾额等品题，画龙点睛地嵌入园林局部造景之中，使园中那些以隐逸、淡泊、洒脱、开明、勤勉、诚敬、坚贞、亲情、友情、爱情等为主题的造景设计与其情感志趣之间形成密切联系，园林也因此被赋予了浓郁的抒情审美气质。这种抒情艺术的表达方法也催生出中国传统园林审美评价的一个特殊法则，即品园不惟论景，还兼以主人的品格情怀论高下。

其二，中国传统园林的审美情境能够对居游于园中之人产生道德情操上的感召力量。这是因为园林从局部造景元素到整体设计都寄托了与主题高度一致的美好情怀，被赋予了高尚的情感品质。人们居游于此境此情中，很容易感同身受，园林也因此成为潜移默化的育人空间。

中国传统园林艺术是兼容了人文美与生态美和谐交融的文化环境，浸透着高尚情感追求的精神家园，视觉美、生态美、文化美、情感美四个层次可以成为全面解析中国传统园林艺术审美内涵的路径与方法，也可以由表及里构成园林审美的理论体系，这一理论体系既兼容了人类造景艺术的普遍共性，也彰显了民族园林艺术的审美个性。

第二节　中国传统园林的造园特点

一、师法自然崇尚自然

中国传统园林的构成因素是模仿自然界中的山、水、植物。但是中国传统园林并非只是简单的模仿，而是有意识地改造、调整、加工、裁剪和利用，从而营造一个精炼、概括的自然，这是中国传统园林艺术的一个主要特点。因此，中国传统园林与西方突出人工痕迹的做法不同，中国园林崇尚表现自然美，通过人的审美体验以达到人心灵的平和与愉悦。

中国传统园林的造园理念是受到中国古代传统哲学文化思想和审美观的影响，也就是中国人自古以来的“天人合一”的思想观。主张人与自然和谐相处，倡导“天人合一”，导致中国人的艺术心境完全融合于自然，“崇尚自然，师法自然”也就成为中国传统园林所遵循的一条不可动摇的原则。例如，在叠山理水的具体处理当中强调提炼自然景色的精妙之处，加以人工的修剪、抽象和整理达到神似的效果。同时也不能过于简约，达到“虽为人作，宛自天成”“形真而圆，神和而全”恰到好处的效果，使神与形得到完美结合。

道家最根本的哲学思想，是人与自然的亲和一致，人与自然规律的和谐。这是一种至善至美的境界。中国传统古典园林之所以崇尚自然、追求自然，实际上并不在于对自然形式美的模仿本身，而是在于对潜在自然之中的“道”与“理”的探究。由此可见，道家的自然观对中国传统园林的形成是极为重要的。其精神表现为崇尚自然、逍遥虚静、天为顺应、朴质贵清、淡泊自由、浪漫飘逸。

在传统中国园林设计中，山、水、花、木和建筑是几个明显而重要的要素。

石头的功能和它所表达的意境被视为其生命的象征，无论是放置在厅堂之前、窗下、水边，它的作用是在自然与人工因素之间构成空间上的联系。作为一种垂直方向的构成元素，它引导向上的视野，并丰富了园林中的光影变化效果。作为屏障它又起到了分隔空间的作用。作为独立的物体，它是一座抽象的雕塑，展示形式、肌理的变化，以吸引人们的目光。作为品格的象征，它表现了君子的坚忍与气节。山石在园林的特定空间中能够表现丰富的情感，成为人与自然之间沟通的桥梁，使得园林空间完成从秩序的建筑空间到自然空间的平稳过渡。

依据同样的原理，在中国传统园林设计中反复出现的其他自然事物（如流水、森林、繁花），也在这个过程中起到了同样的作用，正是这样一种反映着自然的无常变化和世间万物相辅相成关系的天地人之间的逻辑关系，指导着古代中国的园林设计。所有的艺术形式不仅是功能的反映，也是人们理解和体会自然、体会精神、体会“道法自然”的方式。

二、意境深远耐人寻味

意境是中国艺术创作和鉴赏方面的一个极重要的美学范畴。简单地说，意即是主观的理念、感情，境即是客观的生活、景物。意境产生于艺术创作中此两者的结合，即创作者把自己的感情、理念熔铸于客观生活、景物之中，从而引发鉴赏者类似的情感激动和理念联想。同时意境是比形象和情感更高一级的美学范畴，是在扬弃了景和情的片面之后而构成的一个完整的独立的艺术存在，是中国古代艺术所追求的一种艺术境界。中国的传统哲学在对待“言”“象”“意”的关系上，从来都把“意”置于首要地位。先哲们很早就已提出“得意忘言”“得意忘象”的命题，只要得到意就不必拘守于原来用以明象的言和存意的象了。

园林作为中国传统文化的一部分，本身也是一种艺术，中国自然山水园林从一开始就与山水画、山水诗文不可分离，所以意境也成了传统园林所追求的一种最高境界。园林意境这个概念的思想渊源可以追溯到东晋至唐。当时的文艺思潮是崇尚自然，出现了山水诗、山水画和山水游记。园林创作也发生了转折，设计园林的指导思想从以建筑为主体转向以自然山水为主体。从显富转向文化素养的自然流露，因而产生了园林意境问题。园林意境创始时代的代表人物，从两晋南北朝时期的陶渊明、王羲之、谢灵运到唐宋时期的王维、柳宗元、白居易、欧阳修等人，他们既是文学家、艺术家，又是园林创作者或风景开发者。此后，元、明、清的园林创作大师，如倪云林、计成、石涛、张三连、李渔等人，他们都集诗、画、园林诸方面修养于一身，发展了园林意境创作的传统。园林中的山水植物，各种建筑和他们所组成的空间，不仅是一种物质环境，而且还应该是一种精神环境，一种能给人予以思想感悟的环境。造园家常常让幽深的意境半藏半漏，或是把美好的意境隐藏在一组或一个景色的背后，让游人自己去联想、去领会其深度。这种半藏半漏含蓄的手法，使园林意境高雅，给人以丰富的联想。

中国传统园林讲究“虽由人作，宛自天开”的境界。这种意境的内涵深广，表述方式丰富多样，不仅借助于具体的景观，如山水、花木、建筑等构成的风景画面来间接地传达意境，还通过园名、景题、石刻、碑文、匾额、楹联等直接表达、深化意境的内涵。因此，游人在园林中所领略的已经不仅仅是视觉上的感受，而是不断在头脑中闪现的“景外之景”“象外之象”。对园林的创作者来说，寄情于景、托物言志是最高的追求和目的，达到园林与园主的高度统一，这种高度情景交融的意境成为中国园林的一个主要特点。

三、诗画情趣引人入胜

文学是时间的艺术，绘画是空间的艺术。中国造园与诗、画之间关系之密切，历史悠久，“以画入园、因画成景”的传统早已形成。甚至不少园林作品直接以某个画家的笔意、某种流派的画风引为造园的根本。钱泳说：“造园如作诗文，必使曲折有法、前后呼应；最忌堆砌，最忌错杂，方称佳构。”历来的文人、画家参与造园蔚然成风，或为自己营造，或受他人延聘而出谋划策，如清乾隆年间的广禄寺少卿宋宗元退休后在苏州筑网师园。唐宋八大家之一的柳宗元就是一位既有实践又有理论的风景建筑家。

园林的景物既需“动观”，也要“静观”。“动观”，就是在行进过程中观赏，造园家在园林空间较大的范围内，通过叠石构洞的山嶂、曲廊小院的曲障、树障等手法，组成园中有园、景中有景的多个景区，展开一区又一区，一景又一景，各具特色，达到步移景异、时过境迁、画面连续不断的意境。“静观”，即在有限的园林艺术空间中，坐观静赏园林艺术，在咫尺之地，让人们去领会园林空间的层次、对比、虚实、明暗、阴晴、早晚等多变的艺术效果。故园林是时空综合的艺术。中国传统园林的创作，能充分地把握这一特性，运用各个艺术门类之间的触类旁通，熔铸诗画艺术于园林艺术，表达意境。使得园林从总体到局部都包含着浓郁的诗、画情趣，这就是通常所谓的“诗情画意”。这种诗情画意除了用景观空间来表达以外，还常常依靠悬挂在建筑上的匾额、楹联或者是景物旁的景题、刻石等文字来“点题”，用附在建筑上的诗词、书画来渲染，从而使园林意境更加富有情趣和发人遐思。

匾题和对联既是诗文与造园艺术最直接的结合而表现园林“诗情”的主要手段，也是文人参与园林创作、表述园林意境的主要手段。它们使得园林内的大多数景象无往而非“寓情于景”，随处皆可“即景生情”。因此，园林内的重要建筑物上一般都悬挂匾和联，它们的文字点出了景观的精粹所在。同时，文字作者的借景抒情也感染游人从而激励他们浮想联翩。优秀的匾、联作品尤其如此。如苏州拙政园内的匾题“远香堂”“志清意远”“留听阁”“与谁同坐轩”，又如北京颐和园内临湖坐东朝西的“夕佳楼”和南湖岛上的三座牌楼题额，东牌楼为“凌霄”“映日”，南牌楼为“彩虹”“澄霁”，西牌楼为“镜月”“绮霞”。它们分别描绘了在祠前广场上所能见到的四时风景：晨间高耸的云霄与红日的映照；雨后彩色的霓虹和空澄的云霁；黄昏时满天的彩霞和夜晚时水静如镜的湖水中映出的明月。再如，寄畅园内的“知鱼槛”，谐趣园内的“知鱼桥”，香山静宜园内的“知鱼濠”，圆明园内的“知鱼亭”，北海中的“濠濮间”等。一个好的题额或楹联可以把一处空间环境的意境表达得更为淋漓尽致。

在园林的布局上，园内游览路线并非平直的简单道路，而是运用各种要素迂回曲折中形成渐进的空间秩序，也就是空间上所讲的划分与组合。划分不流于支离破碎的组合，力求其开合起承、变化有序、层次分明。这个序列的安排一般必须有前奏、起始、主题、高潮、转折、结尾，形成丰富多彩的流动空间，表现出诗文的结构。在这个序列中往往还穿插一些对比、悬念、欲抑先扬、欲扬先抑的手法，更增添了诗文般的韵律感。因此，人在园中游览，往往有朗读诗文一样的酣畅淋漓。

造园者不仅通过视觉官能的感受或者借助于文字信号的感受来表述园林意境，而且还通过听觉、嗅觉的感受来增加园林意境，启发游人的联想。诸如十里荷花、丹桂飘香、雨打芭蕉、流水叮咚、风动竹篁、柳浪松涛等，都能以“味”入景，以“声”入景而引发游人对诗情画意的遐思。

四、巧于因借精于体宜

“景”是园林的灵魂，无论是山水花木，还是建筑书画，都必须组成一定的“景”才能有生命力。造景的主要方法就是“因借”，造景的精髓在于“体宜”。在这里，“因”就是因势利导、因地制宜；“借”就是用；“体”就是得体、恰到好处；“宜”就是适宜、有度。

景致的营造是园林的灵魂，景致营造的水平决定着园林的情趣和品格。规划园林的景观要十分注意审美的要求，要保持景物与人的活动流线密切结合，对人的感官始终保持新鲜的感觉，做到“步移景异”的效果。古典园林中不但要有丰富的景致元素，而且要使这些景致形成良好的搭配关系，该藏则藏，该露则露，该遮则遮，该掩则掩。充分利用周围环境中的一切景致，甚至园外的一些景致来借用。传统中国园林的“借景”方法有以下几种：

（一）借景

《园冶》中说：“园林巧于因借，精在体宜”“借者虽别内外，得景则无拘远近，晴峦耸秀，绀宇凌空，极目所至，俗则屏之，嘉则收之，不分町疃，尽为烟景，斯所谓巧而得体者也”。对园林内外，远近的景色有所取舍，使借景的取材达到“精”和“巧”。

（二）对景

凡位于园林轴线及风景视线端点的景为对景，是在借景的过程中，选择一定的观赏点，组织人们的视线，使得人观赏这些景物时有良好的位置、角度和环境，这都是由对景的手法而成。借景又可以分为远借、邻借、仰借、俯借、应时而借等。

（三）远借

远借是在人的视力范围内，把园林外较远的景色组织到园中来，所借景色，多数是大自然风物，如山，或极目远岭、崔嵬缥缈，或秀峰碧璋、岚光翠影；如水，或浩渺连天、满目清风，或瀑布湍流、一泻千里；如花草，或锦绣大地、五彩缤纷，或平铺似毯、层层绿浪；如林木，或红枫绿槐、尽染山色，或青山参天、阵阵松涛……景色各异，气象万千。如颐和园借其西面 4 公里以外玉泉山上的玉泉峰，拙政园借到城内北寺塔影等。

（四）邻借

邻借也称近借，就是把园林邻近的景色组织进来。在园林只要是宜于成景的，或是山水、花木，或是屋宇、亭阁、台榭、寺塔等都可以组织起来。

（五）仰借或俯借

仰借或俯借一般指人们的观赏点同所借之景间的高低上下的位置关系，仰借的观赏点设置在低处，以借高处的景物为主，如宝塔、高楼、山色瀑布、大树，甚至白云、飞鸟、明月繁星等。如北京北海公园借景山、南京玄武湖公园借钟山等，都是仰借。俯借的观赏点设置在高处，所借之景如江湖平原、平地构筑之类。如杭州的六和塔展望钱塘江景色，而登西湖孤山观赏上游船及湖心亭、三潭印月等。

（六）应时而借

应时而借主要是依靠大自然的变化和景物的配合而构成的。如，朝借旭日，“日出”“朝霞”“朝晖”；晚借夕阳，“夕照”“落照”“暮色”“晚霞”；夜借“月色”“秋色”“印月”等。一年四季中，春借桃柳，夏借塘荷，秋借丹枫，冬借飞雪。春、夏、秋、冬，阴、晴、雨、雾，大地上各种景物的不同，尤其是花木的应时、应季而变，在造景时，给人的艺术感染力最强。乃至山泉流水，燕语莺歌，古刹之钟声，海浪之哮吼，都可因时因地而借。

巧于因借，尤其在江南园林，更是一绝。通过借景，使得盈尺之地，俨然大地。扩大了视野，丰富了园林的意境。

五、象征与比拟

在中国传统园林的造园方法里运用象征和比拟的手法非常普遍，这也是源于中国传统哲学和美学思想的特点。孔子就以山水比拟人格，他说："智者乐水，仁者乐山。"所以自古以来，人们喜欢自然山水，乃至在园林中堆山开池，这不仅表现出人们对自然环境的喜爱，而且还带有仁者智者的神圣色彩。

在园林植物的种植、布局中更是体现了象征与比拟的风格和特点，如松、竹、梅被称为"岁寒三友"，是中国古典园林中常见的传统配置形式。松、竹经冬不凋，梅则耐寒开花，傲霜历雪，它们象征顽强的性格和不屈不挠的斗争精神，千百年来被人们广为称颂。

松柏类植物不畏霜雪风寒，终年郁郁葱葱，生命力极强，被视为常青树，寓意坚贞不屈、高风亮节和延年益寿，常常被比作富贵不能淫、威武不能屈的英雄豪杰。竹是园林中的灵性植物，它身姿挺拔，虚心有节，不畏严寒，四季常青。这些特征与文人士大夫推崇的高尚品德接近，因此竹在中国古典园林堪称"比德"最佳者之一，被视为最有气节的君子，也成为文人雅士最喜爱的植物。

还有"青青翠竹，尽为法身"的说法竹节与节之间的空心，也是佛教概念"空"和"心无"的形象体现。梅花具有诸多精神属性美，是古今传诵的名花，因而成为我国古典园林里首选植物之一。"傲霜雪而开，与松竹为友"和"先众木而华"，甘于淡泊，自奉清高。"因而古代节操高洁之士，纷纷以梅为清客、清友，甚至"取梅为妻"。范成大在《梅谱后序》中称梅"韵胜""格高"。纵览古今咏梅诗篇，何止万千，主要赞梅"万花敢向雪中出，一树独先天下春"的冲寒斗雪、不畏冰霜的精神。

在中国传统园林中种植的具有象征、比拟的植物还有桂花，象征团圆吉祥。同时，因"桂"与"贵"同音，且桂花清香袭人，自古以来都被人们看作吉祥植物。兰花生于山涧泉旁，树木茂密之地，枝叶飘逸，香气幽远，孤高素雅，号称"香祖""王者之香"。象征淡泊名利、不做媚态的高尚品德。芭蕉叶大、茎密、叶色嫩绿，显示出一种平安清雅的气质。在苏州园林中，常常被栽种于窗前，宋代诗人杨万里赞道："绕身无数清罗扇，风不来时也自凉"。杜鹃花，盛开时烂漫如火，熠熠生辉，有“疑是口中血，滴成枝上花”的诗句。所以杜鹃花意味“忠贞不渝”，往往与为国尽忠的良将忠臣联系在一起，象征他们尽忠职守、威武不屈的爱国精神。

因此，在中国传统园林造景中，大量运用象征和比拟的方法，体现了中国独特的审美哲学思想，通过这种造景方法也体现了园林主人的人生追求和审美取向。

六、建筑自然相得益彰

建筑是园林四大构园要素之一，它不仅以其多姿的形态吸引游人，成为园林景观的重要组成部分，更重要的是它与山、水、植物等构园要素彼此协调，相互补充，有机结合，共同创造一种自然与人工高度和谐的环境。此外，通过一些园林建筑的艺术处理，能美化园林环境，丰富园林景观，增加景观层次，创造艺术境界。从这个意义讲，园林建筑又是造园艺术的重要内容。

中国园林之所以能使建筑与自然景致完美的结合，这与中国传统哲学、美学的思维方式分不开。另外，中国古代木制建筑自身的构造特点也为此提出了优越的条件。中国传统建筑的木框架结构，内墙可有可无、可虚可实、可藏可露、可隔可透。园林里建筑正是利用了这些灵活性和随意性的特点创造了千姿百态，生动活泼的建筑样式。与自然环境中的山、水、植物构成了一幅美丽生动的画面。

中国园林建筑一反宫廷、庙宇、邸宅的严正、对称、均衡的模式和格局，完全自由随意，因地制宜、因山就水、高低错落，以千变万化的面上铺装来强化建筑与自然环境的协调关系。同时，还利用中国传统建筑独有的内部空间与外部空间的通透、流动的可能性，把建筑物的小空间和自然界的大空间沟通起来。许多优秀的建筑形象细节的处理反映了建筑与自然的和谐关系。优秀的园林设计尽管处处有建筑，却处处洋溢着大自然的生机。

园林建筑的营造不同于普通的建筑装修，这些独特的特点体现在：第一，顺其自然。园林造景最忌牵强，这是造园常规，“虽由人作，宛自天开”是我国造园技艺的最好概括。第二，巧于因借。把园林建筑巧妙地组合到园林构景中去，不仅自身为一景，还要根据周围的景致设计出恰到好处的视域范围，做到“得景随形”，运用借远景、近景、邻景的方法来取得清秀高雅、虚而不空的艺术画面。第三，精心点缀。在造园中“山水为主，建筑是从”。从总体上说，建筑在园林中是“为副”的，应精心布局，在山顶筑亭，水边设矶，可以点出兴奋中心，使景丰富而有层次，不仅不碍事，还成了珍品。第四，妙在得体合宜。建筑的营造要起到烘云托月的作用，应在“巧而得体、精而合宜”上下功夫。网师园的小桥、个园的小亭使人感到的是水面深远了，山体高大了，可谓神来之笔。

我国古典园林中特有的建筑，除楼、阁、亭、台以外，还有桥、廓、榭、舫、洞、路等类型。园林中与建筑有关的园名、题景、刻石、楹联、匾额是一类特殊要素，它们是文字与艺术相结合的产物。这些文字经过了包括文学艺术、书法艺术、镌刻艺术等多种艺术的处理，而且直接与建筑艺术结合起来，深化了园林意境。

第三节　中国传统园林的造园要素

中国古典园林几乎是调动和运用了一切可以用来塑造有生命景观的元素，植物、建筑、山石、水体等，此外还包括动物、声音和晨昏变化的时间因素，古典诗文中所积淀的典故、修辞手法，这些都成为设计师运用的元素。因此，众多元素的融入和运用也造就了中国园林艺术的博大精深。

一、植物

无论何处园林，植物都是其中的重要景观元素，植物是有生命的东西，体现了生气所在。景观中园林的建筑比例较高，但是植物仍然是最主要的元素。中国园林所追求的山林气质，多半要依赖植物才能实现。在中国园林的植物造景中，园林植物的配植非常讲究，要营造如诗如画的境界，就要对植物的外形、种类、质地、色彩、习性等精心挑选，并且精心栽培。

植物除了观赏的作用还是分隔空间的手段之一，可以增加空间层次，同时形成的树荫可以改变天光，形成不同的视觉感受，也为纳凉、休憩提供良好的场所。植物可以是建筑物的背景，也可以成为建筑物的对景，其作用灵活多变。在植物的审美方面，中国传统文化重视线条形式的美感，也就是特别重视花木自身的生长姿态。极端的例子是人为地修剪或扭曲植物的枝干，以达到人们视觉的审美感受。除了视觉的感受，古典园林设计师还尽量调动植物所形成的听觉感受，风吹过植物或雨点落在植物上所形成的自然的声音，都会营造出听觉上的感受和意趣。对于季节的变化产生的植物生长规律的变化对园林设计师也是重点考虑的因素，好的园林景观会尽可能照顾到不同季节的变化。花开花落、叶绿叶黄这些季节性的变化同样给人带来不同的审美感受。

（一）植物造景的原则和特征

1. 中国传统园林的植物造景遵循统一、调和、均衡和韵律的原则

（1）统一原则

统一原则就是在植物造景中要根据植物不同的树形、色彩、质地、习性等差别进行合理的搭配、设计。在造景中既要体现出植物的多样性，又要保持植物之间搭配的统一性，做到既活泼又统一。变化太多，整体就会显得杂乱无序，让人有心烦意乱、支离破碎的感觉。相反，则给人单调呆板的感觉。这种统一的植物造景原则在现代城镇植物造景中也经常可见。例如，在城镇中的每一条街道尽可能突出某一种树种，强调整条街道植物的统一性，另外在这些树木下面搭配一些较低矮的杂树或者乔木，在统一中寻求变化。总之，植物造景的巧妙之处就在于这种繁中求整、整中求变的统一原则。

（2）调和原则

调和原则就是在植物景观的设计时要强调植物之间的相互联系和配合，尽可能利用植物们的近似性和一致性，这样的配置才能产生协调的效果。例如，当植物和建筑配置时要注意体量、重量等比例的协调。一些粗质地的墙面可用粗壮的紫藤来装饰美化，对于质地较细腻的墙面则选择较纤细的攀附植物来装饰，也可以选择竹子等植物来与墙面搭配。这些搭配使植物与建筑的墙面达到协调的效果。

另外，植物造景中色彩的搭配也很重要。黄色的植物醒目，色彩亮丽，如银杏树、金丝桃和黄刺玫等；红色的植物给人热烈、喜庆、奔放的感觉，如园林植

物中的映天红、石榴、枫树等；紫色的给人庄重、高贵的感觉，如紫丁香、绣球等。充分运用这些植物自身的色彩树形，合理搭配，就会出现令人赏心悦目的效果。我国园林造景中常用万绿丛中一点红就是强调色彩之间的对比既不能过于强烈，又要保持变化的协调关系。在现代一些公园入口处一般采用对比非常强烈的植物色彩和建筑色彩的搭配，其目的在于强调、突出、醒目。

（3）均衡原则

均衡原则是将体量、质地各异的植物进行配植，使景观显得庄重、稳定。例如，色彩浓重、体量庞大、数量繁多、质地粗糙、枝繁叶茂的植物种类，给人以稳重的感觉。相反，体量轻巧、数量减少、质地柔细、枝叶疏朗的植物种类，给人一种轻盈的感觉。因此，在一些较大的园林，要有数目众多并且体量较大的树木，使得园林更宏伟、更有气势。例如，一些皇家园林、寺观园林和较大规模的私家园林，适合大量栽种大型的树木，一些小的庭院更适合栽种一些体态较小一些的树木，或者庭院外面栽种一些大型的树木，但数量也不宜过多。

根据周围环境，在配植时有规则式均衡和自然式均衡。规则式均衡一般建在庄严、雄伟的皇家园林。例如，门前配植两棵桂花，取富贵的意思，左右对称。在皇家园林道路旁边栽种左右对称的南洋杉、龙爪槐等。陵园主路两侧一般种植对称的松柏等。自然均衡式一般常见于私家园林、公园、动物园、植物园等，一条蜿蜒曲折的道路旁边如果右侧种植一棵体态较大的树木，在临近的左侧一般需要种植一些体量较小，成丛的灌木作为呼应，以达到相对均衡的视觉效果。

（4）韵律和节奏原则

韵律的原则是指在植物的配植方面要做到有疏有密，另外，植物品种、色彩、体态上面要富有变化。这样的植物造景布局给人一种视觉上的轻松感觉，游玩观光时游客就会轻松自得，不感觉到单调。

2. 园林植物的象征意义

在中国传统园林的植物造景中，造园者习惯用托物言志、借景抒情的方式来表达园林的意境。从这种意义上讲，中国传统园实际上就是典型的文人园林，因此在造园理念上要和文人的胸怀、品格、艺术审美追求相吻合。因此，在有限的空间内，创造出无限的言外之意和弦外之音。而将园林植物合理配置，创作赏心悦目的园林景观，并运用植物特有的寓意营造幽远的意境，常常是有效而含蓄的。

（1）以园林植物作为景观的主题命名

由于园林从开始的草创阶段便离不开植物的种植，中国古典园林中许多景观的形成都与园林植物有直接或间接的关系。如拙政园中的“琵琶园”“海棠春坞”，留园的“闻木樨香”，承德避暑山庄的“万壑松风”“曲水荷花”等，都以植物作为主题为景观命名。

（2）以园林植物为单体建筑命名

植物作为我国古典园林的主要造园要素，不但营造出丰富多彩、意境深远的植物景观，还为园林建筑寓情寓景的命名提供了重要依据。例如，拙政园的“远香堂”“芙蓉榭”“荷风四面亭”，皆因建筑周围遍植荷花而命名；“玉兰堂”则因院内种植玉兰而得名；“梧竹幽居”亭得名于“萧条梧竹月，秋物映园庐”，碧梧翠竹，一个高大挺拔，一个偃仰纷披，同为高洁的象征；而“听雨轩”则是更妙，轩前一泓碧水，植有荷花；池边有芭蕉、翠竹，轩后也有一丛芭蕉，前呼后应。无论春夏秋冬，只要下雨，雨水滴落在不同植物上，加以听雨人的心情，便能听到各具情趣的雨声，别有韵味。

（3）植物的象征隐喻配植

“玉堂富贵”是用玉兰、西府海棠、桂花、牡丹花组景，搭配成季相明显、繁花似锦的景象，在丰富园林景观的同时，暗示了对富足美满生活的向往；“花中四君子”，是用梅、兰、竹、菊组景，没有鲜艳的花朵、茂密的枝叶，却清新舒畅、温文尔雅，充满了与世无争、自我欣赏的意味。所谓“自然古木繁花”“收四时之烂漫”。骨干树为侧柏、白皮松和榆树，其间少量构树、白蜡和桃树，林下灌木则以荆条和小榆树为主，水生植物有睡莲等，也确有“在涧共修兰芷”之意，颇具野趣。

因此，挖掘传统园林植物中蕴涵的丰富人文精神，并应用于景观设计的实践之中，充分展示景观中的文化与哲理，即使观赏者不能像古人那般整日游玩赏花，细细体味个中奥妙，也必能产生更多的共鸣，感悟到景观所蕴藏的情感，从而获得精神上的超脱与自由，享受审美的愉悦。

（二）园林道路的植物配植造景

传统园林的道路两旁都会栽种一些植物来达到造景的效果。但是作为园林、公园、植物园、风景区等道路的植物配植和现代的公路两旁的植物配植具有很大的区别。由于现代城镇的道路主要运用于交通目的，线路笔直平坦。道路两旁的植物一般选择主干高大挺直、树体洁净、落叶整齐、无毒、无臭味、无飞絮的树木。另外考虑到树木与气候环境的适应程度，在现代乡村、城市道路两侧最好选择本地特色的树种。例如，我国华南地区可选择香樟、榕树、木棉等树种；华东地区可选择香樟、泡桐、枫杨、重阳木、银杏、刺槐等；华北地区可选择杨树、柳树、红松、桦木、落叶松、刺槐、银杏等。

一般来说，园林的道路除了集散、组织交通外，主要起到导游的作用。路的宽窄、起伏、铺装都是根据园中地形和各景区之间的联系要求而设计的。由于园中的路线一般是曲折多变的，所以两旁的植物配植及小品也富于变化、千姿百态、不拘一格。游人漫步其中，如同欣赏一幅画卷，步移景异。因此，园路两旁植物配植的优劣程度直接影响园林植物造景的效果。

1. 园林主路旁的植物配植

园林主路是沟通园内各个景区的主要道路，一般设计成环路，并且路面相对平坦宽阔。相对笔直的主路两旁常用规则式的配植，植以观花乔木，并以花灌木做下木，丰富园内色彩。如果主路前方有漂亮的建筑作对景时，两旁植物可密植，使道路成为一条通道，以突出建筑主景。

园内蜿蜒曲折的主路，在植物的配植上应采取自然的方法，沿路的植物造景在视觉上有藏有露、有疏有密、有高有低、有挡有敞。景观中有花地、草坪、灌木丛、树丛，甚至水面、山坡等小品不断变幻。游人可以在林下休息，也可以穿越花丛赏花，可以漫步草坪，也可以在水边嬉戏。因此，园路周围的地形变化或园路本身的高低起伏，最适合进行自然式的植物配植。

2. 园林次路与小路的植物配植

园林次路是园中各区的主路，相对宽阔。小路一般是供游人漫步在安静的休息区中，相对曲折、狭窄。次路和小路两旁的植物配植应灵活多样，不易种植过于高大的树木，可种植乔木、灌木，既可以遮阴又可以赏花。有的园内小路充分利用如夹竹桃、木绣球、蔷薇等枝条柔软的特性，将它们的枝条搭建成拱道，游人穿梭其中，极富情趣。有的园内植成复层混交群落，则感到非常幽深。例如，南京瞻园的一条小径，培植了乌柏、桂花、夹竹桃、海桐及金钟花等组成的复层群交群落，加之小径本身的陡坡，给人以深邃幽静之感。

（三）室内的植物培植

室内或较小的庭院为了美化也会经常培植一些绿色植物，既起到装饰美观的效果也起到绿化空气、改善调节小环境湿度的作用。室内的植物是以观叶种类和赏果种类为多。攀缘类的植物有：常青藤类、绿萝、吊兰、吊金钱、鸭趾草、球兰、心叶喜林芋、白粉蝶、鱼背竹等；观叶植物一般有：海芋、文竹、天门冬、透明草、竹芋、旱伞草、虎耳草、含羞草、大叶竹芋、马尾铁树、彩叶凤梨、红背桂、变叶木、秋海棠等；适合室内赏花、观果的植物有：栀子花、桂花、大岩桐、春兰、含笑、米兰、水仙、君子兰、报春花、龙吐珠、八仙花、球兰、山茶、四季海棠等。这些花草也非常适合现代家居设计，以达到装饰室内、美化环境的效果。在室内、庭院对植物造景时，首先要服从空间的性质、用途，根据其尺度、形状、色泽、质地，利用天花板、地面、墙面来选择植物并加以巧妙的构思，达到理想的效果。

近些年，在一些公共建筑的公共空间里，如大型商场、超市、宾馆、酒店、娱乐活动中心等，经常看到一些培植的较大型植物，并且辅以山石、水池、瀑布、小桥等室内小型观赏区。这些对调节公共空间的环境湿度、美化环境、活跃的气氛都有很好的作用。

由于不同的室内空间用途也各不相同，因此，在植物景观设计时也要充分考虑这些因素。一般在公共建筑的入口处为了活跃气氛，选择较大型、姿态挺拔、叶片向上不阻挡人们视线的盆栽植物。如棕榈、椰子、苏铁、南洋杉等，也可以用色彩艳丽的一些盆栽花卉。室内各个入口处则选择耐阴的植物，一般有棕竹、旱伞草等。在起居室里配植花草要充分考虑起居室会客、家人聚会的功能，植物的选择要讲究明快、美观。沙发旁边或起居室角落可放置较大型观叶植物，如南洋杉、垂叶榕、龟背竹等，也可以利用花架布置盆花，或上爬或垂吊，如绿萝、吊兰、四季海棠等。茶几上可放置小盆的仙客来、彩叶草、兰花、球兰等。卧室是休息空间，因此不宜放置过多的花草，只需放置少许的观叶植物就可以了。书房内的花草布置可根据主人的喜好选择植物，创造一个清静雅致的空间。

（四）园林水体植物的培植

一般园林水体有湖、池、河、溪、涧、瀑、泉等。选择植物一般要根据这些水体的面积和特征，也要充分考虑这些园林所处的地理位置，选择适应本地气候的植物进行栽培。

湖是常见的园林水体景观，如杭州西湖、北京颐和园、济南大明湖等，由于湖面水体一般面积较大，岸边植物的选择也多种多样，垂柳、悬铃木、枫香、水杉等大型树木都是常见的树种。岸边一般由高大的树木和丰富多彩的乔木、灌木构成，高低错落、色彩呼应、引人入胜。

池是较小园林常见的水体景观，为了获得“以小见大”的视觉效果，植物的培植常突出个体的姿态或利用植物来分割水面空间，增加层次。同时也可以创造活泼和宁静的景观。在苏州的网师园中，设计师考虑到水面面积较小的因素，池边植以柳树、碧桃、玉兰、黑松、侧柏、白皮松等，疏密有致，既挡不住视线，又增添了植物的层次。池边一棵苍劲古拙的黑松，树冠伸向水面，水中倒影晃动，颇具画意。在岸边配植了紫藤、薜荔、地锦等植物使水岸更显野趣。

河在园林中一般是人工开凿的较为平直的水体景观，在河的两岸一般栽种较大体型的树木，岸边一般筑有假山，形成“两岸夹青山，一江流碧玉”的意境。沿岸的山上栽有各种树木，灌木和花卉。沿着河水形成一道绿色的长廊，山光水色美不胜收。

溪、涧、泉是园林中最能体现山林野趣的景观，一般保留一些野生的水草和植被，如华北耧斗菜、草乌灯。也可以栽培一些较小体型的植物，如樱花、玉兰、杜鹃、迎春花等。

除了岸边的植物外，水面的植物培植也非常重要，常见的荷花、萍蓬、睡莲等。还可以保留或种植一些野生的水生植物，如蒲草、芦苇、香蒲、杏菜、浮萍、槐叶萍等。水底栽植一些玻璃藻、眼子菜、黑藻等。

二、建筑

园林建筑是四大构园要素之一，它不仅以其多姿的形态吸引游人，成为园林景观的重要组成部分，更为重要的是它与山、水、植物等构园要素彼此协调，相互补充，有机结合，共同创造一种自然与人工高度和谐的环境。此外，通过一些园林建筑的艺术处理，能美化园林环境，丰富园林景观，增加景观层次，创造艺术境界。从这个意义讲，园林建筑又是造园艺术的重要内容。

建筑在中国古典园林里占的比例较大，一般而言，在中国古典园林里面建筑占到 20% ～ 30%，这也是中国古典园林的一个特点。园林作为“天人合一”思想的体现，其中建筑是“人”这一方的代表，也是形成园林景观的主要因素。园林中的建筑形态虽然在整体上并未脱离一般建筑的程式，但对建筑的等级要求却大为降低，而相互之间的组合关系则更加紧密和灵活。因为建筑往往也是景观的主题，其审美要求自然也要高于其他场合，所以建筑本身的形式也极为讲究。

中国园林里建筑的命名非常复杂，不同的名称对应了不同的形式和功能，也暗示了所在区域的空间属性。多样性的建筑形式也是实现园林景观丰富性的重要手段。除厅堂、楼阁、亭、台以外，我国古典园林中特有的建筑还有桥、廊、榭、舫、洞、路等类型。

（一）厅堂

厅堂是中国园林里主要的建筑，厅是用来听事（处理事务）的。堂原指朝阳的敞亮大房子，因为二者的功能往往重叠，所以后来的“厅”“堂”就合称了。园林的规划布局首先要从确定厅堂的位置开始，厅堂的位置确定了，也就有了园林的主要视点。厅堂是园林中最主要的主体建筑，会客、聚会、宴会都在其中举行，因此厅堂的位置往往是居中的，所对空间最大的景区，反映了以中为贵的思想。

厅堂空间高大、装饰华丽，是公共性最强的建筑。园林的审美基调也是通过厅堂的建筑形式和装修得到确定。厅堂往往处于独立的环境中，周围留有大面积的空间，厅堂作为最主要的园林建筑，其周围必须有能够容纳较多人的活动场地。大型园林的厅堂也可以有多个，但是再多也必须有一个主要的，而且位置必须居中。

厅堂的建筑有着丰富的形式，有大厅、四面厅、鸳鸯厅、花厅、荷花厅、花篮厅等。大厅往往是园林中建筑的主体，面阔三间五间不等。鸳鸯厅在南方的园林里是常见的形式，所谓鸳鸯厅是南北朝向不同的厅背靠在一起，根据季节的不同而使用不同的部位，夏天一般使用朝北的厅，冬天则使用朝南的厅，如此则有冬暖夏凉的效果。所谓四面厅就是四面敞开的厅。花厅主要是供起居、生活或兼做会客之用，多接近住宅。厅前院中多布置奇花异草，创造出情意幽深的环境。荷花厅多临水而建，厅前有宽敞的平台，与园中水景结合在一起。

（二）轩

从字面的意义上看“轩”原指车上的篷盖。江南将建筑前面的天井叫“轩”，而作为建筑的名称，多指三面开敞的建筑，如园中无厅堂，也可以以“轩”代替厅堂。《园冶》中讲：“轩式类车，取轩欲举之意，宜置高敞，以助胜则称。”意思是轩类的建筑类似古代的车子，取其敞开而又居高之意。轩建于高旷的地方对景观有利，并以此相称。

中国园林中的建筑大多开敞，强调室内外的沟通，坐在建筑里面，如同画中游，因此以轩命名的建筑较多。从其开敞性这一点可知，轩类的建筑多位于景观的开阔处，总是有景可观处。一般而言，轩的灵活性很强，体量可大可小，但是不会超过厅堂。小也不会小于“室”“斋”之类。某些轩同廊连接在一起，或置于一端，或位居其中；有时不设桶扇，又像亭子。

（三）亭

亭的字面意思是让人停下来休息的地方，是应用很广的一种建筑模式，不仅园林中有，就是在许多公共环境中都可以看到，亭可以说是最简单的一种建筑，但是其形式又是最丰富的，几乎有园必有亭。亭子的体量可大可小，应用起来非常方便灵活，可以随意安插。如在人工堆叠的假山上，由于假山的体量有限，承重也是问题，因此点缀一个较轻的亭子就非常合适。亭子的建设位置选择有两方面的考虑，其一由内向外好看，其二是由外向内好看。亭子要建在风景好的地方，以便让人停下来边休息边观赏风景。亭子建在风景秀美的地方还能起到画龙点睛的作用。

在众多的亭子造型类别中，方亭最常见，它简单大方。圆亭更为秀丽，在亭的类别中还有半亭和独立亭、桥亭、路亭等。自点状伞亭起，三角形、正方形、四角形、五角形、梅花形、六角形、八角形以至圆形、海棠形，由简单到复杂，基本上都是规则的几何形体，或再加以组合变形，和其他园内的建筑长廊、水榭、花架，组合成一组建筑。另外，亭子本身就是景观的焦点，造型余地较大，在同一园子尽量用不同造型的亭子。

（四）榭

古代“榭”是和“台”结合的，位于高台上的建筑称之为“榭”，园林中多指临水的建筑，亦称“水榭”。中国园林中必定有水，只是水的面积不同而已，因此“榭”在中国传统园林中也很常见。榭在临水的一面设有栏杆，也有将围栏设计成“美人靠”的形式。榭是园林中人们亲水的场合，榭的体量一般根据水面的大小来定。皇家园林水面广阔，一般榭的体量也非常大，显得宏伟壮观。

榭与舫都是临水的建筑，但是形式上很不相同。榭又称水阁，建于池畔，形式根据环境而不同，它的平台跳出水面，实际上是观看园林景致的建筑。建筑临水面开敞，建筑一半基部在水中，另一半在池岸，较大的水榭还设有茶几和舞台。舫又称旱船，是一种船型的建筑，前半部多是三面临水，使人犹如置身于船舶之中的感觉，如狮子林中的石舫就非常逼真。

（五）廊

在园林中，廊是指引游览路线的重要元素，也是最活跃的一个因素，多数园林都是通过廊来连接主要建筑或景点。廊可直可曲，可以登山，可以跨水，可以围城小院，其丰富的变化是形成景观丰富性的必要手段。

廊的种类很多，有曲廊、直廊、波形廊、复廊等，按所处的位置还有沿墙走廊、爬山走廊、水廊、回廊、桥廊等。如果廊的中间加墙，就形成复廊，复廊的墙上开漏窗以沟通两边的景观。在复廊不同的侧面行走，感觉也不同，空间区位虽只差毫厘，但是景观感受相差甚大，来回游玩也不觉得单调。由此，园林的空间似乎被放大，这是实现园林以小见大的重要手段。

水廊的地面即是桥面，下面就是水，柱子下面设桥墩插入水中。廊水交融，和谐得体，妙趣横生。

楼在园中属于一个较大的建筑，高耸，因此也是园内的视觉对象。一般建楼的位置较好，构成一个景区的主体。其周围配以山石、池水、林木。楼的高耸主要为了观景，从楼上观望整个园林尽收眼底。

阁和楼很相似，四周常常开窗，攒尖顶，每层都设挑出的平坐等。一层的阁也较多，如苏州拙政园的浮翠阁。临水而建的叫水阁，如苏州网师园的濯缨阁。

（七）墙、窗

粉墙漏窗是中国园林建筑的特点之一，我国园林中的墙面上都会有精致的窗。景窗的形式多种多样，常见的有空窗、花格窗、博古窗、玻璃花窗等，与墙连为一体。

景墙也是形式繁多，既可以划分景区，也可以有造景的作用，它能构成灵活多变的空间，造成许多的园中园。这也是以小见大的巧妙手法之一。所谓景墙，主要的手法在墙面上开设有玲珑剔透的景窗，使园内空间相互渗透。

（八）园桥

在园林中，桥的作用一般有三点，一是通行，二是观赏性，三是连接景区。在园林水面上设桥，可以将水面分成有大有小、主次分明的两个部分，增加园内景致的丰富性。在古典园林中，桥的种类也很繁多，同一园林中很少有相同造型的桥。在园林中常见桥有步石、梁桥、拱桥、浮桥、吊桥和廊桥。这些种类繁多的园中之桥使园林平添一份诗情画意，营造出“小桥流水人家”的意境。

三、叠山、置石

（一）叠山

由人工堆筑的山通常被称为假山，早期的假山一般是用土堆筑而成，随着造园技术和山石开采技术的发展，逐渐出现叠石为假山。假山是中国园林特有的景观元素，从叠山的规模和气势来说皇家园林远远大于其他园林。

从秦代一直延续到南北朝，人工造大山的风气都很流行。到了唐代之后，小尺度的假山多了起来，不再追求和大山一样的规模，而是追求与大山一样的形态。这种山的景致和盆景、山水画很相似，成为当时的主流。清代之后，叠山的理念又发生了变化，不再追求大山的全部，而是以相同的尺度去模仿一个山的局部，追求逼真的形象，讲究可入、可游，具体的景象为“平冈小坂”“曲岸回沙”，以土山为主，点缀石头，覆以绿荫，造成一种仿佛奇峰、峭壁、悬崖、重重山峦就在墙外的视觉效果。这种极度高明的手法，被人誉为“尽变前人之法”。

这三个阶段的造山，也并非泾渭分明，而是互有交叉反复。假山到了后期，尤其是纯用石头的假山，其建造在某种程度上已是类似于建筑了，只不过形态和材料有所不同。假山的建造极大地丰富了园林的景观，使园林的景观更加接近自然，也为游人提供了更多的想象空间和游玩场所。白居易是最早肯定叠石美学意义的人之一。他认为，石虽然无文无声，无嗅无味，但其“如虬如风，若静若动，将翔将踊”的形象能给人以美感，并由此而联想到三山五岳，百洞千壑。

假山的主要理法有相地布局（选择和结合环境条件确定山水的间架和山水态势）、混假与真、宾主分明、兼顾三远、以皴合山等。按照水脉和山石的自然皱纹，将零碎的石头堆砌成具有山的造型的假山，使之远看有势，近看有质。

假山的种类按照材料一般可以分为土山、石山和土石相间的山。按照工程方法可以分为筑山、掇山、凿山和塑山。按照园林中的位置和用途可分为园山、厅山、楼山、阁山、书房山、池山、室内山、壁山等。假山的组合形态分为水体和山体。山体包括峰、峦、顶、岭、谷、岗、壁、岩、洞、台等；水体包括泉、瀑、潭、涧、池、矶等。山水结合，相得益彰。假山常用的石材一般有湖石石灰岩、黄石、英石、斧劈石、石笋石、千层石、孤赏石、峭壁石、散点石、驳岸石等。

（二）置石

置石也是中国古典园林常见的景观元素，置石运用的山石材料较少，结构简单，如果置石得法，可以取得事半功倍的效果。置石的要点是造景目的明确、格局严谨、有散有聚、有主有次、高低起伏、层次丰富、顾盼呼应、以简胜繁、小中见大、假中见真、比例适合等等。置石的方法如下：

1. 特置

特置又称孤置，江南又称“立峰”，多以整块体量巨大、造型奇特和质地、色彩特殊的石材做成。常用作园林入口的障景和对景，漏窗或地穴的对景。这种石也可以置在廊间、亭下、水边，作为局部空间的构景中心。例如，苏州园林留园的冠云峰，形成全园的中心景点。

特置山石姿态优美、轮廓突出、体量巨大，具有独特的观赏价值。最具透、瘦、漏、皱、清、顽、拙的特点。特置山石为突出主景并与环境相协调，石前“有框”，石后有“背景”。使山石最富有变化的那一面朝向主要观赏方向，并利用植物等遮挡山石的缺陷，使山石在环境中更具神韵。特置山石作为视线的焦点和局部环境的中心，要格外注意其与环境的比例的合宜。

2. 对置

在建筑物前两旁对称的布置两块山石，以陪衬环境，丰富景观。一般来说，由于对置山石的布局较为规则，因此这种置石的效果给人严肃的感觉，在入口处多用。作为对置山石在体量、数量、形态上无须对等。可仰可附、可坐可偃。

3. 散置

散置常用于布置内庭或散置于山坡上作为护坡。散置的石头体量大小不等，一般对石材的要求很低，但要组合好。散置的石头一般常见于园门两侧、廊间、粉墙前、竹林中、路旁、山坡之上、水边、草坪、树下、建筑角落、池中、小岛等。布置特点有散有聚、主次分明、高低起伏、顾盼呼应、层次丰富、比例合宜、有断有续。

4. 群置

应用多数山石互相搭配成为群置，群置常常布置在山顶、池边、路边、大树下等地方。还可以与特置山石搭配呼应，形成有主有次、相互映衬、高低不同、远近呼应的视觉效果。群置山石要注意山石布局搭配的疏密关系、虚实关系。

5. 山石器设

在园林景观中，常常看到一些以石为材料制作而成石凳、石几、石栏等物品，这些石制的器物被摆放于树下、水边、路旁，体现了园林古朴自然的风格。

四、理水

水是园林构景最主要的要素之一，人们也通常把水喻为园林的灵魂。在中国古典园林造景中素有“无水不成景，无景不成园”之说，中国古典园林理水强调“意在笔先，心中有境”，讲究理水的精巧，虽然“师法自然”，并不是对自然水体的简单模仿，而是对自然水景做抒情写意性的艺术再现，同时满足园林的功能需要。园林之景因水体平远，因池鱼而助兴。园中水型，有瀑、涧、溪、泉等动水和池、潭、滩、湖等静水。各类水型可独作景，但多数园林喜兼而有之取其胜。

造园学家陈从周在《说园》中提道：“水曲因岸，水隔因堤”“大园宜依水，小园重沾水，而最关键者在水位之高低”“园林用水，以静为主”。这些都是园林理水的基本原则。别具匠心的造园师们通过长期临摹自然，勾勒和谐，运用叠山理水，在理水方面积累了丰富的经验，形成了独特的理论。

（一）理水意境

园林理水，贵在意境，故虽有法，亦不能拘泥于法，还需提高园林艺术的品位。水的处理不是孤立的，还需要和建筑、山石、植物相结合，才能体现出水的意境。文人对造园有着浓厚的兴趣，贯穿中国造园的主题始终是文人思想。园林专家陈从周先生说：“中国园林应该说是文人园，其主导思想是文人思想，或者说士大夫思想，因为士大夫也属文人。其表现特征就是诗情画意，所追求的是避去烦恼，寄情山水。”他们把水赋予了“德、仁、义、智、勇、正”的品德。即水是无私的，人类和动植物都可以摄取，因而有“德”；凡是有水源的地方都有生命的迹象，因而“仁爱”；水的流动直与曲都循其理，因而“义气”；水深不可测，因而“智慧”；水总是赴百仞而不疑，因而有“勇”；水能帮助人们洗净污浊，与人为“善”；水至量必平，因而最为“公平”。

造园师往往把游历中的自然山水在记忆中提炼加工，将自然界的各种水形特征再现到私家园林中，使人们在有限的私家园林空间中感受到恢宏的自然景观效果，进而触景生情，达到精神空间的理想美境界。园主人往往寄情于山水，表达志向与抱负。如苏州沧浪亭园主苏舜钦有感于“沧浪之水清兮，可以濯吾缨；沧浪之水浊兮，可以濯吾足”，将水比喻为“沧浪”，自号“沧浪翁”，以表达自己超然世俗名利之外，归情自然的清高意趣。如拙政园中“留得残荷听雨声”的听雨楼，如“清风起兮池馆凉”的清风池馆，都反映出园主的精神寄托。

意境是一种情景交融的审美意象，通过心理暗示来引导人们对美的联想。理水的意境是深层次的，不停留于个别审美意象的局部，蕴涵了造园者个人的意志品质、思想感情、人生态度等内容。

（二）理水手法

古代造园师崇尚自然，在私家园林的建造初期，注重分析场地特征，因地制宜，在地形低洼处挖池塘，在地形高处堆筑假山，在园林空间的组织上追求“虽由人作，宛自天开”。

就古典理水设计手法而言，可分为形、声、色三大要素。首先，中国古典园林理水非常重视“意”与“形”的结合。从形式上看，有点状、线状和面状之分。从情态上看，有静水和动水之分。从布局上看，有集中和分散之分。再者，古典理水还擅长借助听觉的变化，来营造诗的意境。水在流动过程中，必然会与山石、河岸等发生摩擦，产出各种如天籁一般的声响，为园林增加了不少情趣。此外，水的质感也是理水中一个不容忽视的要素，映射成景的手法也的确多种多样。不同的水景，能给人以不同情趣的感受。例如，苏州网师园仅400平方米左右的水面，即造成湖水荡漾的烟波效果；无锡寄畅园利用杯水细流，即创作了“八音涧”的动人景观。以不大的水面和水量表现湖泊、溪流等自然景观，关键在于把握不同水体的景观性格特征。

在空间处理上注重虚实变化，具体表现为水面的分隔和掩映。一隔。水面大则分，小则聚；分则萦回，聚则浩渺。大的水面可以通过筑堤、跨水浮廊、汀步、小岛等实体，将水面分割为几块，各自营造、布置成独特的景致。私家园林中的桥，除了实现交通功能外，还有分隔水面的作用，使水面处理富于变化，突出层次感。苏州怡园中的曲桥、无锡寄畅园中的七星桥，在水面空间上起到了“隔”的作用。二掩。用建筑物、树木、湖石尽量遮掩水源或者水岸，造成含蓄、幽深、视觉无尽的感觉。俗话说：“水令人远，不掩不远。”将建筑物临水的一侧架空，跳出水面，可以使观赏者看不见池水边岸，从而打破池水视界的局限。三映。利用较开阔的水面，使岸上景色甚至园外景色倒映到水中，“虚借”景色，形成虚实、远近映照的景观效果。特别是水平似镜、静练不波时，水能收纳万象于其中，体现出“天光云影共徘徊”的虚涵之美。《园冶》中的“虚阁荫桐，清池涵月”“池塘倒影，拟入鲛宫”“俯流玩月，坐石品泉”就是这种效果。

在理水的技艺中，一方面要注重水的形态控制，另一方面要注重处理水体边界的形态。有规则的岸线处理往往同建筑结合，自然的岸线分土岸和石岸两种。叠石水岸是运用较多的水岸处理形式，也是中国园林特有的处理方式。土岸更显柔和，富有野趣，但土岸不适合人们的亲水活动，所以即便是土岸，也会布置一些叠石。以便吸引游人在岸边赏景、休息、嬉戏。

（三）传统园林中的理水类型

1. 湖泊、池塘

湖泊是最常见的理水形态，是较大型开阔的静水水面。但园林中的湖泊比自然界中要小得多，基本上是一个自然式的水池，但相对空间较大，因此也常常作为园林的构图中心。园林中的湖泊往往应凭地势，就低凿水，掘池堆山。岸边模仿自然湖泊水岸，水岸曲折，模仿港湾、半岛等地貌特征。湖泊中心建造小岛，有桥梁连接，岛上配植花木，较大湖心岛建筑园亭之类建筑。另外，通过桥梁将湖泊分隔成两部分的设计也很常见，有大有小，有聚有分。

池塘一般是指比湖泊更小的水面，一般在规模较小的私家园林最为常见。池塘形式简单，水面较方整，岸边的变化也相对简单，没有桥梁和岛屿。水中多植物，一般栽植有荷花、睡莲、蒲草之类，水中多养有观赏性鱼类，再现“鱼戏莲叶间”的诗意画境。

2. 河流

一般河流水面狭长成带状，水流平缓，两岸配植多种植物。而园林中的河流实则为狭长的池塘，河流可长可短，可弯可直；有桥梁跨过，水上可以行舟，增加园林景观的幽深和层次。

3. 泉瀑

泉为地下涌出的水，瀑为断崖跌落的水。在园林的造景中，泉水、瀑布是非常普遍的。泉水、瀑布的水都是流动的，增添了园内景观的生机和活泼感。园林中常常把水源做成这两种形式，水源或为天然的泉水，或为人工引水。

4. 渊潭

一般在泉水的积聚处和瀑布的落水处会形成相对较大面积的积水，被称为潭水。岸边通过叠石，使水位相对降低，另外抬高的叠石挡住光线，在叠石上配植攀缘性植物，上面有大树遮阴，更显得深邃、幽暗。

5. 溪流

泉瀑之水从山间流出，形成一条动态的水景。溪流多弯曲，增加水流的长度，寓意源远流长，延绵不绝。溪流水底铺以砾石，溪水较浅，鱼游其中，岸边栽种树木花草，使园林溪流的造景更具野趣风格。

第四节　乡村园林景观的规划建设

乡村是一个开放性空间，乡村山水、季相、乡村特定的地貌、农田布局构成乡村大地景观的框架，大树、河（溪）流、池塘与自然植被等是乡村地区固有的特征，乡村的基本功能是农业生产。乡村自然、经济、社会状况和功能需求决定了乡村园林景观建设与城市园林景观建设有很大的区别。乡村园林景观建设中应充分利用大地景观资源，协调园林景观与大地景观，实现大地园林化，突出乡村园林的田园特色；在植物种类与材料的选择、景观功能的表现途径（手法）、景观营建成本上要更多考虑乡村经济条件和功能要求；在乡村园林景观建设中，应充分考虑乡村景观结构、特征及其与乡村生态功能的关系，通过合理的乡村景观空间布局提高乡村生态功能；应充分考虑区域的自然地理条件、气候、民俗、民情和生产生活习惯，在保护乡村景观的完整性和田园文化特色的前提下，协调乡村景观资源开发与环境保护之间的关系，塑造一个自然生态平衡、景色优美的乡村环境。

中国古典园林追求“虽由人作，宛自天开”的造园思想，师法自然而高于自然的精神境界。在效仿自然风景的设计中，以山、水为地貌基础，以建筑作骨骼节点，道路作脉络，植物造景作肌理，形成一幅秀美的天然山水画卷。因此，通过借鉴和弘扬中国传统园林的一些造园理念和方法，创造出具有乡村特色而非城市发展模式的现代乡村景观园林，将园林景观更好地融入现代村庄建设，为乡村居民提供更好的聚居环境。

一、乡村园林景观建设的内容

（一）绿化景观建设

乡村园林景观建设要重视绿化、美化、香化、亮化工程。在新农村景观建设过程中，农村要有现代化气息、人性化设计理念，注重服务功能完善，绿化、美化、香化居住环境。在绿化过程中注意观赏性树种与当地乡土树种的有机搭配，既要有适宜观赏的雪松、石榴、蜡梅、棕榈、玉兰等，又要有杨树、柳树、梧桐、国槐、苦椿、合欢等夏天冠大叶密适宜纳凉、冬天叶落枝枯，增强视线的本土大型乔木，形成三季有花、四季常青、乔灌花草藤相结合的立体绿化模式，同时注重沿街路灯、休闲广场草坪灯、街心花园的亮化工程。

生态园林主要是指以生态学原理为指导所建设的园林绿地系统。在这个系统中，乔木、灌木、草本和藤本植物被因地制宜地配植在一个群落中，种群间相互协调，有复合的层次和相宜的季相色彩，具有不同生态特性的植物能各得其所，能够充分利用阳光、空气、土地空间、养分、水分等，构成一个和谐有序、稳定的群落。它是园林绿化工作最高层次的体现，是人类物质和精神文明发展的必然结果。在新农村园林景观建设时一定要强调保护自然生态环境、仿造自然环境，以谋求优良的生存环境，把园林绿化作为主要手段，根据农村庭院、道路等形成点、线、面相结合的完整绿化系统。植物配植应适应气候特点和居住环境要求，形成富有特色的经济植物和观赏植物群落，因势利导地利用对生态环境有重大影响的有利因素和改造不利因素，将园林绿化推向生态园林的新阶段。

（二）公共景观建设

传统农村有一个很显著的特征，就是十分注重公共空间的营建。宗祠及其附属的“风水点景”是当中的集大成者，是日常各种社会活动的中心，如市集、庙会、祭祀等活动场所。此外，村中的行政中心——村委会也是村民进行集体活动的首选。所以，我们在新农村景观建设时结合这些已有的公共空间做成景观绿面，形成村民休闲娱乐的大空间，同时也建成村庄中的形象标志。

乡村园林景观及设施设计还应体现乡村社区文化的特殊性，要为农民提供休息交往空间和休闲娱乐场所，所以设置儿童活动、老年人活动和健身锻炼的场地和器械。各种环境设施应起到点缀和强化景观效果的作用。建筑小品等硬质景观设计应具有功能性、观赏性和趣味性，要适合农村环境所需，可以亭台、水榭、假山、动物等适合农村环境所需的小品为主，形式要简洁美观，不宜追求豪华与气派。农村水景设计还必须结合当地气候特点和水源情况，利用现有水源，适当确定水体面积、深度和形状，采用多种手法创造以水为中心的动态和静态景观。

（三）绿色乡村住宅景观建设

“绿色住宅”是近年来兴起的一种人居建筑概念。提高绿化率，注重居住环境的绿化是“绿色住宅”的首要条件。在新农村规划中，我们应当根据当地的自然环境，运用生态学、建筑学的基本原理及现代科学手段，合理安排并组织住宅建筑与其他相关因素之间的关系，使住宅和环境等成为一个有机的结合体。同时以可持续发展的思想为指导，寻求自然、建筑和人三者之间的和谐统一，即在“以人为本”的基础上利用自然条件和人工手段来创造一个舒适、健康的生活环境。在具体设计上，注重绿化布局的层次、风格要与建筑物相互辉映，注重不同植物各方面之间的相互补充融合。绿色住宅在形态上更趋于原始状态与自然状态，最大限度地回归自然，进入一种原始自然状态之中。

二、乡村园林景观建设的原则

（一）生态原则

新农村的景观建设不应以城市景观作为模板，乡村景观自有它的魅力——生态。因此，我们应该坚持生态规划原则，减少非功能性的硬化，创造生态优良的新农村环境。

（二）和谐原则

乡村园林景观设计通过对环境的设计使人与自然相互协调，和谐共存，能创造出高品质的人居环境，提升生活品位。此外，还应特别注意在为农村设计园林景观时，切不可与农田争土地，要在农田以外的闲散地、荒地、道路、河渠、湖泊、庭院上做文章，最佳作品便是园林、农田、庭院的有机结合，使三者相得益彰。

（三）因地制宜原则

因地制宜，借自然环境景观条件与景观要素提升新农村开发的环境效益。根据各地的环境特点，在建设中强调尊重并强化原本的自然景观特征，尽可能地保留村落、庭院以及所辖区域的原有树木，保护并利用古树和名贵树种。在园林绿化树种选择上，应栽种大量本地的特色植物，以突出其地方特色，形成独特的园林景观。

（四）经济原则

乡村的园林景观建设很大程度上由于经济的原因一直都处于一个尴尬的、被忽略的地位，实用的考虑在建设中成为重中之重。所以，在进行园林景观设计时一定要考虑和注重经济合理性，以绿化为主，水景、小品等设施配置可适当减少，同时在设计这些景观时，不仅要考虑一次性投入费用，还应考虑其建成后的使用和维修成本。在为农民创造良好的景观，满足他们观赏需求的同时，降低农民的经济负担。

（五）以人为本原则

在乡村园林景观的规划建设中要充分处理好人与空间环境的关系，创造宜人的活动空间、休闲场所和聚居生活氛围。应按“人——园林——人”的顺序来表达设计意图，研究人与园林绿地关系的行为心理，使园林景观同时具有景观、生态、游憩等多种功能，在其功能中寻找最适合环境的平衡点，此外，以人为本很重要的一方面是对人的精神层面需求的关注。

三、乡村园林景观建设对策

（一）以生态园林为特色

生产、环境保护、休闲娱乐是乡村园林建设的主要功能要求，景观元素丰富、空间异质性大、农耕生产、建筑布局不规整是乡村景观基本特征，这些决定了乡村园林景观建设与城市园林的规划与建设存在巨大差异。生态园林是通过以植物为基本材料，更多地把生态学原理、生态功能、生态效益放在重要位置来考虑建立合理的生态系统，它的核心是为了提高人类健康水平和文化素质，它的建设原则是用尽可能少的投入生产更多的生物产品和社会公益服务。

（二）解决营建关键技术

针对不同区域乡村自然地理、气候条件、住宅布局、生产和生活方式、功能需求，多角度探讨乡村园林景观营建关键技术，包括住宅环境空间优化与功能协调的技术、乡村绿化树种选择技术、乡村水资源利用与生态水景营建技术、乡村古树名木保护技术等。

（三）与庭院经济结合

在房前屋后发展庭院花卉、果木、经济作物，既可增加农户收入，又可美化家居环境。在乡村园林景观建设中可以充分考虑乡村建筑环境，充分利用庭院空间资源，在实现乡村园林景观功能的同时发展庭院经济。

（四）结构与生态功能协调

从景观生态学角度，乡村景观是由建筑物、河流、农田、森林、道路、池塘、牧场、果园等镶嵌而成的镶嵌体，其结构、组成、空间异质性的合理性是影响乡村生态功能实现的重要因素。在乡村园林景观建设中，充分考虑乡村景观结构、特征及其与乡村生态功能的关系，提高乡村生态功能的乡村景观布局。

（五）充分利用乡村现有景观资源

农牧业生产是乡村主要的生产内容，农牧业生产的水稻梯田、果园、麦田、茶园、花圃苗圃、油菜田、牧草地等是乡村重要的景观构成要素和宝贵的景观资源。因此，在新农村建设的园林景观建设中应充分利用这一乡村特色景观资源，就地取材，景用结合，使人工景观与自然景观有机结合。

（六）注重区域特点，突出地方特色

我国地域辽阔，自然地理环境复杂，地域文化丰富多彩而且地带性差异明显，乡村聚落在结构、形式上存在着较大差异。因此，在乡村园林景观建设中应充分考虑区域的自然地理条件、气候、民俗、民情和生产生活习惯，在保护乡村景观的完整性和田园文化特色的前提下，利用生态学原理、园林设计理论，通过园林景观规划和建设，协调乡村景观资源开发与环境保护之间的关系，塑造一个自然生态平衡、景色优美的乡村环境，实现乡村的生产、生活、生态“三位一体”的可持续发展目标。

四、对中国古典园林造园的借鉴

（一）对传统造园理念的借鉴

中国古典园林是自然与人工的完美结合，其中既包含了对于自然的模仿，又显示了对于自然的敬畏，力求在方寸之间表达出自然的意趣。乡村景观设计中的天人合一思想，主要表现在人与自然环境的和谐互存关系中。在景观设计中，人与自然协调共生，利用有限的空间创造无尽的意境，并再现自然。这种天人合一同时也表现在乡村景观设计中，各设计元素与整个乡村协调一致。

以农业作为基本依存的中国古代，农耕文化是其最根本的文化要素，并直接影响了当时其他文化的发展。在历史文献记载中，不难发现造园家与文人笔下的恋农情结。在“日出而作，日落而息”的古代传统农耕文化背景下，人民安居乐业，生活自给自足。这种社会意识形态与理想生活画面恰恰符合了古代人对于生活“返璞归真”的心理需求。这一点和传统园林天人合一的思想不谋而合，因此，传统园林设计中的“取自然之意境，求自然之形态”的“人天同源、和谐一致”的人文哲学观，将对现代乡村园林景观的建设起到有益的指导和借鉴作用。

（二）在造园设计上的借鉴

1. 设计要素的借鉴

中国古典园林造园要素中，首先，以山水为骨架，起伏的山脉与弯曲的水体给予人无限的遐想，“仁者乐山，智者乐水”成为古典园林中的基本载体，而乡村总体大环境一般是围绕着山体与水体开展的，在基底设计要素方面非常符合中国古典园林的特色。其次，以建筑为骨骼，各种园林建筑在庭园中常作景点处理，既是景观，又可以用来观景，而乡村中因为远离城市化进程，遗留下的各种旧建筑和古祠堂正好成为乡村景观中有机的骨骼节点。最后，乡村中的树木花草或天然生长，或人工栽植，形成自然的植物群落，并组合成良好的局部生态体系，与中国古典园林中“二十四番风信咸宜，三百六日花开竞放”的植物造景思想不谋而合。乡村环境中还存在大量的天然石材，可用于置石造景或是特色铺装路面，易形成具有中国古典园林特色的景观形式。

2. 设计布局的借鉴

中国古典园林的布局特征是于小中见大，于有限中见无限。整体布局看似无规则，实际内有乾坤，曲径通幽是布局中常用的手法，通过弯曲的空间营造，不仅拓展了有限的空间，而且增加了空间的韵律，进而使人产生无限的遐想，空间也随之更加含蓄与深沉。

曲折线性布局所展开的空间序列是中国古典园林中特殊的空间布局形态，通过对庭园观赏路线的规划设计，将园林整体划分成若干个景点，并将它们用空序列加以串联，形成园中有园的布局特征。乡村原始景观的布局形态在此方面与中国古典园林有异曲同工之处，而在乡村景观设计中，需要把握景观的空间序列，加强景点之间的串联与互补，使其为一个看似随意实则有矩的乡村生活场所。

3. 设计手法的借鉴

中国古典园林中的景物按其重要性分为主景与配景，设计手法包括借景、对景、障景、框景、夹景、漏景、添景和点景等。基于乡村景观的“原始”与“简约主义”，提倡用更加简约地设计方式复刻中国古典园林中的造景法，使设计更加顺其自然，更加尊重乡村历史与文化。

文震亨的《长物志》有云“一峰则太华千寻，一勺则江湖万里”，中国古典园林正是擅长这种小中见大的设计手法的园林类别。乡村景观表达的空间虽尺度大，但是硬质景观元素相对不够丰富，通过有限的景物表达无限的意境是景观设计中的理想效果，而中国古典园林的融入能使乡村景观只用简单的景观片段，便形成“多方胜景，咫尺山林”的景观效果。

五、乡村园林景观元素设计

天然的山体脉络，灵动的溪流美景，随性的置石景观和各式各样的乡村特色单体园林建筑。基于中国古典园林设计的考虑与思量，将乡村中存在的景观元素予以提炼，便形成富于特色的乡村特色景观。

（一）地形

乡村景观中的地形应以原始地形为蓝本，局部进行地形变化处理，力求达到顺应原有地形地貌。同时，根据同一区域的原则进行内部土方平衡，减少由于过度挖填方所产生的工程费用。平坦区域可适量进行微地形处理，以形成良好的自然土坡效果，并为植物栽植提供良好的造型平台。

在山水相邻的设计区域，借鉴中国古典园林中“挖湖堆山”的做法，就地进行山体与水体的设计施工，能达到良好的造景效果。对于有特色地形的区域，应重点保护，并加以设计元素辅助，以形成重点大地景观带。如梯田景观、丘陵景观等。

（二）水体

从乡村生活的实用性与乡村景观的低成本、低造价考虑，水体景观设计应从简或完全不干预。原有溪流景观予以一定程度的保护与区域划分，同时原则上不对溪流景观进行分流与拓展，以保护溪流的稳定性，保证良好的原生态水景观。通过景观评价对部分优秀的溪流景观节点进行景观升级，增加置石、特色乡土植物等景观配景元素，维护区域水土平衡，打造具有本土特色的溪流景观观赏景点。在不影响居民正常生活使用的前提下，对古井进行保护，并围绕古井进行景观补充，通过景观手段，加强古井文化宣传。

（三）建筑

具有当地建筑特色的旧民居建筑应予以保护，已经属于危楼的民居建筑应在原居民迁出后立即予以加固或拆除后原地重建，确保当地建筑风格与特色的统一。针对乡村中的祠堂等特殊建筑形式应进行资料收集与整理，并列入当地重点保护建筑名录。

根据乡村景观整体布局，合理适量地使用单体园林建筑与园林建筑小品，把握园林建筑外立面与原有建筑特色的统一，强调其实用性，确保单体园林建筑的适量与功能合理性。如景观亭，能提供自身被观赏的景点需求外，还能提供休闲娱乐与亭内观景的需求，同时还可以满足乡村生活中居民相互间交流沟通的场地需求，面积更大的景观亭甚至可以提供节日居民文化表演的舞台之用。对于单体园林建筑适量的使用，能充分增加乡村景观的实用性与文化内涵。

尽量使用当地建筑构造形式与乡土材料建造单体园林建筑与园林建筑小品，减少造价之余，更加强了本土特色建筑形式、构造方法、景观设置的宣扬。

（四）道路

道路设计应以原有道路体系为蓝本，路网设计不需过分丰富，道路宽度根据实际需求进行设计施工，切忌盲目拓宽道路。道路应进行分级处理，不同功能道路设置不同宽度。对于部分有需求的空间范围实行人车分流，但需确保其外观符合整体乡村景观特色。

使用当地乡土材料进行道路铺装，石板路、鹅卵石路、花岗石路。根据不同的道路设置进行道路铺装，充分利用本土资源优势，并展示宣扬地域文化。对乡村景观中特有的泥巴路应部分予以保留与修建，丰富道路基质种类。

（五）植物

乡村中有丰富的植物资源，进行植物造景前，应先调查原有植物种类及分布情况，然后进行进一步的植物造景设计工作。尽量使用乡土树种，增加景观的乡土特色。另外，还可以减少后期的养护成本。

第七章　乡村景观规划建设与管理

乡村景观是人类文化与自然环境高度融合的景观综合体，具有生产、社会、生态、文化和美学功能和谐统一的特点。然而，随着我国城市化和当前社会主义新农村建设的快速推进，乡村景观遭受了前所未有的冲击和破坏，乡村景观功能逐渐丧失，对乡村整体自然环境和人文环境产生较大的负面影响。随着新农村建设不断发展，现阶段乡村景观也正经历一个从传统到现代演变的过程。

第一节　乡村景观规划的审批

一、乡村景观规划设计的基本原则

（一）保护生态环境的原则

自然生态环境是人们生活的前提和基础，它为人们生活提供空气、阳光、温度等必备的物质。因此，在对乡村景观进行规划设计时，必须要以保护自然生态环境为基本原则。乡村景观规划设计的最终目的是为了在农村建设一个生态环境优美、人与自然和谐共处的生活环境，这也要求我们在进行规划设计时，必须保护好自然生态环境。

（二）尊重区域文化特色的原则

农村的地域文化特色包涵了大量的民俗风情与历史传统，可以说是当地村民不可或缺的精神财富。因此，在对乡村景观进行规划设计的过程中，必须对所在区域的地域特色进行科学合理的利用，从而有效地保护当地的传统文化、丰富村民的精神面貌。

（三）持续性发展的原则

受经济、技术以及交通等各种因素的影响，农村在发展过程中基本上采用的都是粗放型的经济发展模式，这对农村的自然生态环境产生了非常大的破坏，环境恶化问题在农村也越来越严重。因此，在对农村景观进行规划设计的过程中，必须科学合理地规范农民的开发行为，对农村的自然资源进行可持续性的开发和利用，最终实现农村经济的又好又快发展。

二、规划审批

根据《中华人民共和国城市规划法》的规定，城市规划实行分级审批，乡村景观规划也不例外。乡村景观规划编制完成后，必须报经上一级人民政府审批。审批后的规划具有法律效力，应严格执行，不得擅自改变，这样才能有效地保证规划的实施。

（一）区域乡村景观规划

区域乡村景观规划是以县域行政区为基本范围进行划定的，其规划由县或自治县、旗、自治旗人民政府报上一级人民政府审批。

跨行政区域的区域乡村景观规划，报有关地区共同的上一级人民政府审批。

（二）乡村景观总体规划

乡村景观总体规划由所在地区的镇（乡）人民代表大会讨论评审，由镇（乡）人民政府报上一级人民政府审批。

（三）乡村景观详细规划

乡村景观详细规划由镇（乡）人民政府规划行政主管部门审批。

第二节　乡村景观规划的实施

乡村景观规划编制的目的是实施。规划的实施不仅要有法律、法规做保障，而且还需要具体的机构负责实施。

一、政策法规

中国实行的村镇规划的一套规范和技术标准体系，涉及乡村景观层面的内容非常有限。即使建设部标准定额司开始对多项村镇规划、建设标准规范进行征集编制工作，这的确在一定程度上弥补了原来村镇规划标准体系在景观层面的不足，但是仍然不能涵盖乡村景观的全部。

因此，在中国乡村景观规划发展之初，应加快规划成果的法制化，制定有关乡村景观的规划标准、编制办法、审批制度，以及景观管理与监督等相关的法律和法规，作为规划实施、管理和监督中执行的标准。乡村景观规划只有具备了法律效力才能走上正确的发展轨道，才能推动乡村景观健康、持续地发展。这对今后的乡村景观规划与建设，以及乡村景观混乱局面的治理与改善都具有现实意义。当然，这些法规和政策不可能孤立的出现和存在，必须考虑与现行的村镇规划一系列法规和技术标准的衔接问题，明确它们之间的关系，这样才更具有现实性和可操作性。

二、实施机构

各级政府应该建立相应的管理机构，为乡村景观规划的实施提供组织上的保证。中国村镇规划建设由建设部全面负责，各省（自治区）村镇规划主管机构为建设厅（或建设委员会）内设的村镇规划处，主要职能是制定省域村镇规划管理政策、村镇发展方针，组织编制和实施省域村镇体系规划等，而村镇规划建设则由各县建设局内设的规划建设管理处具体负责实施。

目前，村镇规划实施起来问题很多，解决起来并不容易。究其原因，村镇规划建设并不是一个建设部门就能推动和解决的，必须依靠不同部门的联合才能切实解决。例如，拆村并点涉及土地调整问题，由原来的耕地转为建设用地，自然资源一定要有相应的政策，如果政策没跟上，尽管农民建房建在规划范围内，但有可能在他人的承包地里，就会引发一系列问题。因此，建设部门提出村镇该如何规划建设，而其他部门的政策不配套，根本就无法实施，一切都是空话。如果与城市规划一样，乡村景观规划建设由省市政府统一牵头，协调各个部门，这样实施才是最有力度的，但是从目前的管理职能上是不可能的。

国外乡村景观规划的管理机构有官方的，也有民间的。例如，德国和英国对于乡村景观规划设计的要求是完全一样的，如生态性、文化性和美观性，但是在管理机构上却是截然不同的。德国是以官方为主导，如农业部、环境与生态保护部、空间规划部。英国则由地方团体或企业支持，是以居民为主导的景观规划，如英国的国家信托协会为民间团体，主要为居民参与的环境保护组织；英国的农村委员会也是民间团体，主要是推动村庄田园景观的保护。

从中国的体制来看，采用以政府行政主管机构为主导的管理体制比较适合国情。乡村景观规划与建设同样需要很多部门合力推进，而不是哪一个部门分别从哪一个角度去解决。因此，建设部门要联合土地、农业、林业、水利、民政、财政以及政策研究的部门成立一个总领乡村景观工作的机构，协调各个部门之间的利益，形成一个综合的政策，由县（镇）的规划管理机构负责乡村景观规划的具体实施，这样才能有效地避免规划实施过程中出现的各种问题。

三、资金扶持

乡村景观规划的实施需要资金的支持。

（一）政府扶持资金

大力整合土地整治整村推进、乡村综合开发、危房改造和乡村清洁工程等相关涉农项目资金，集中建设中心村，兼顾治理自然村。积极申请技术创新引导专项基金，积极探索畜禽养殖安全、粮食丰产提质增效、农业面源污染、食品加工储运、重大共性关键技术（产品）开发及应用示范等现代农业发展科技创新课题，争取国家技术创新引导专项基金。

（二）农业金融

建立市场化的风险转移机制，合理利用农业金融形式。完善农业信贷政策和农业保险政策，按照“谁投资，谁经营，谁受益”的原则，建立“1+N”多元化融资渠道，政府投资为基础，带动引入多主体、多渠道、多层级的多元化融资渠道和手段，建立独特的农业保险体系和投融资体系。

第一，建立现代金融服务体系，设立金融服务窗口；加快农村支付基础设施建设，推广银行卡等非现金支付工具；加快发展村镇银行试点等新型农业机构；设立产业投资基金及研究中心，探索设立对外合资产业基金管理公司等。

第二，建立乡村保险服务体系，全面开展政策性农业保险，积极拓展乡村商业保险业务，稳步推进涉农保险向大宗农产品覆盖。

（三）投融资渠道

建立多元化融资渠道，主要包括财政补贴，如争取生态建设、水利路网基础设施建设等财政补贴；企业投资，吸引具有先进管理理念和稳定的资金流的企业进行投资；银行合作贷款，通过政府担保向金融机构申请小额贷款，专款专用，专项管理；农户自筹资金。

实行 PPP 共建，政府与社会主体建立“利益共享、风险共担、全程合作”的共同体关系，政府的财政负担减轻，社会主体的投资风险减小。对于供水、电力通讯、农田水利等经营性项目的投资，充分放权，建立特许经营、投资补助等多种形式，按照谁投资、谁受益的原则，鼓励和吸纳广泛的社会资金参与投资。

四、信息化保障

要想实现乡村景观的合理规划，离不开信息技术的辅助，具体而言可以从以下几点着手：

（一）信息化基础设施建设

加强与地方通讯部门沟通协调与战略合作，依据各地实际情况，稳步推进农村信息化基础设施建设，加快乡村特别是中心村光纤、5G 网络建设，最大限度地提高乡村光网覆盖率，升级网络速度，为下一步乡村地区搭建“互联网 +”平台、开发智能化的物联农业奠定基础。

（二）乡村信息化商务

各地区要充分利用本省区现有的乡村综合信息化服务平台，搭建市县一级的农村信息服务平台，实现市县层面全覆盖，有条件的乡镇、村庄可以建设自己的镇村级农业信息服务平台。市县政府应在乡村综合信息服务站建设上给予政策和资金支持，定期组织企业、种养大户、专业合作社、村干部以及村民进行对外宣传、信息发布、投资合作等方面的培训。

大力开发EPC协同通信、商旅通、农事通等多种形式的信息化工具，为企业、种养大户、专业合作社、村干部以及村民提供便捷的信息共享平台。鼓励农民参与电商营销，丰富销售渠道形式，提升抗风险能力。

（三）乡村信息化防控建设

美丽乡村既要美丽，更要安全。要稳步推进乡村地区信息化技防设施建设，推进网格化监管，在村委会、重要交通关口、乡村旅游景点、重点园区和重点企业周边、重要水利设施等处设置视频监控，统一接入视频监控平台。在移动客户端开发操作简便的应急系统流程，加大乡村对信息化技防设施的应用培训，打造“技防进万家”的安防体系，为平安乡村提供安全技术保障。

五、技术支持

（一）3S技术

3S技术即遥感（RS）技术、地理信息系统（GIS）技术和全球定位系统（GPS）技术，已经广泛应用于众多领域。它们在国土整治、资源开发与管理、土地利用、自然保护、城乡建设和旅游发展等领域发挥着越来越大的作用。3S技术也成为现代景观科学研究中的重要技术工具，尤其在景观生态规划研究领域。在大的空间尺度上，研究数据的获得多是通过遥感技术来实现的。地理信息系统主要用来收集、存储、提取分析和显示空间信息，应用于景观格局分析和过程模拟。全球定位系统解决了景观单元具体坐标这一难题。随着3S技术的不断发展，它们在乡村景观格局分析、动态演变模型建立和规划中的作用也越来越重要。成为乡村景观规划必不可少的方法和手段。

1. 遥感技术

遥感是一种以物理手段、数学方法和地学分析为基础的综合性应用技术，具有宏观、综合、动态和快速的特点。

广义上讲，遥感是指通过任何不接触被观测物体的手段来获取信息的过程和方法，包括卫星影像（航天遥感）、空中摄影（航空遥感）、雷达以及用数字照相机或普通照相机摄制的图像。目前，高分辨率商业遥感卫星图像已用于制图、建筑、采矿、林业、农业、城乡规划、土地利用、资源管理、环境监测、新闻报道、地理信息服务和军事等诸多领域。

遥感技术的不断发展和广泛应用，引起了景观专业观念的更新和方法手段的变革。从景观信息模拟计量到景观分析、评价、规划及管理信息系统的建立，从国土区域景观资源普查到风景名胜区规划设计，从景观基础资料调查到分析评价，不论是理论研究还是工程实践，遥感技术都为现代景观规划方法技术提供了一个更为广阔的天地。

遥感技术与景观规划研究中的其他方法相比，具有以下特点：

第一，大大减少了实地调查进行数据采集的工作量，而且可以获取人们无法到达地区的数据，并大大缩短了调查所需的时间。

第二，观测过程是从空中完成对地物的识别，可以避免实地调查中人为的干扰，并可根据需要进行重复性观察。

第三，能够为使用者提供不同时间、不同分辨率和不同尺度的影像资料，是大尺度景观资源信息获取的主要手段，也是景观格局动态变化的有效监测手段。

第四，遥感数据一般为空间数据，通过软件解译，为地理信息系统提供大量的数据，是地理信息系统重要的数据源。遥感技术与地理信息系统技术的有机结合，大大强化了遥感技术的应用和推广。

遥感技术在景观规划中的应用可归纳为以下三类：

（1）景观资源普查

包括地质地貌调查、土地资源调查、水资源调查、植被资源调查以及海洋资源调查等。

（2）景观资源分类

一般在遥感影像分析过程中，景观类型可以分为第一级分类（9 大类）和第二级分类（36 小类），第一级分类适用于一些分辨率相对较低的遥感影像资料，而第二级分类一般适用于大比例的航空像片和较高分辨率的卫星遥感影像，通过对不同时期遥感影像的景观分类制图和比较，可以研究景观空间格局的动态变化过程，这已成为景观科学研究中比较有效的实用工具。

（3）景观资源评价

遥感影像资料通过计算机处理，使景观特征定量化，有利于景观评价，为规划提供依据。遥感技术已经成为景观资源普查、景观资源分类和景观资源评价等工作必要的技术手段。

在景观生态学研究领域，景观生态学家主要利用遥感技术中的航片判读，制作专题地图，或建立遥感技术景观生态评价模型。遥感技术对土地覆盖、土地利用的研究已达到很精细的程度，对植被变化和作物估产的研究也趋于成熟。

遥感技术为景观生态学提供的常用信息包括：植被类型及其分布，土地利用类型及其面积，生物量分布，土壤类型及其水分特征，群落蒸腾量，叶面积指数以及叶绿素含量等。

遥感技术在景观生态学中的应用包括以下几个方面：

第一，植被和土地利用分类。

第二，生态系统和景观特征的定量化，包括不同尺度上斑块的空间格局，植被的结构特征、生物量、干扰的范围、严重程度及频率；生态系统中生理过程的特征（如光合作用、蒸发蒸腾作用，水分含量等）。

第三，景观动态以及生态系统管理方面的研究，包括土地利用在时空上的变化、植被动态（包括群落演替）、景观对人为干扰和全球气候变化的反应。

2. 地理信息系统

地理信息系统是一种管理与分析空间数据的计算机系统，其基本功能包括图形数字输入、查找和更新数据、分析地理数据以及输出可读数据。其中分析功能是核心，它包括叠加处理、邻区比较、网络分析和测量统计。根据不同需求建立应用分析模型更是地理信息系统应用研究的热点。随着计算机软、硬件技术的快速发展，地理信息系统技术领域更是融入了科学计算、海量数据、大规模存储、宽带网络、系统互操作、数据共享、卫星影像处理和虚拟现实等新理论和高技术。世界上常用的地理信息系统软件多达上千种。地理信息系统已经成功地被应用到城市规划、环保、土地、林业、农业、水利、能源、交通、旅游、电信和军事等 100 多个领域，并朝着社会化和大众化方向快速发展。

地理信息系统为研究景观空间结构和动态，尤其是物理、生物和各种人类活动过程相互之间的复杂关系，提供了一个极为有效的工具。因此，地理信息系统在景观规划与评价领域也得到了广泛的应用，具体表现在以下几个方面：

（1）景观规划理论与地理信息系统

从某种角度甚至可以说，地理信息系统技术的发展和环境与景观规划设计领域的实践是相互促进的。例如，麦克哈格（McHarg）于 20 世纪 60 年代中期提出的“土地适应性分析模型”，成为后来环境与景观规划设计中应用十分广泛的一种理论和方法。其理论中所采用的图层重叠系统分析方法——千层饼模式，与地理信息系统通过空间数据建立主题图层，并利用空间分析功能得出相关结论的理念几乎完全一致。再如，菲利普·路易斯早在 20 世纪 50 年代中期就提出了“环境廊道”概念。其核心就是对一些敏感环境构成进行确认，并建立起一套图纸及资源目录档案，以便对那些区域实施必要的保护，使其免遭未来开发的不利影响。该理论中整个环境廊道由四个变量来定义：地上水、湿地、陡坡及其他（如森林、野生动物栖息、联邦政府所辖的公园、公私保护地、冲积平原、草原等）。利用地理信息系统分别建立水体层、湿地层和陡坡层，这三个主题层分别建立了用于创建环境廊道的基本对象要素图形。把三个主题层叠加到一起，重叠部分就构成了特征多样并且鲜明的线形环境廊道。

（2）景观生态学与地理信息系统

地理信息系统在景观生态学中的应用已经非常广泛。它的用途主要包括：分析景观空间格局及其变化；确定不同环境和生物学特征在空间上的相关性；确定斑块大小、形状、毗邻性和连接度；分析景观中能量、物质和生物流的方向和通量，景观变量的图像输出以及与模拟模型结合在一起的使用。

（3）景观虚拟与三维地理信息系统（3DGIS）

传统的地理信息系统都是二维的，随着技术的提高，三维建模和三维地理信息系统迅速发展。当前的三维地理信息系统主要有以下几种。

第一，DEM 地形数据和地面正射影像纹理叠加在一起，形成三维的虚拟地形景观模型。有些系统可能还能够将矢量图形数据叠加进去。这种系统除了具有较强的可视化功能以外，通常还具有DEM的分析功能，如坡度分析、坡向分析和可视域分析等。它还可以将DEM与二维地理信息系统进行联合分析。

第二，在虚拟地形景观模型之上，将地面建筑物竖起来，形成城市三维地理信息系统。对房屋的处理有三种模式：一是每幢房屋一个高度，形状也做了简化，形如盒状，墙面纹理四周都采用一个缺省纹理。二是房屋形状是通过数字摄影测量实测的，或是通过CAD模型导入的。形状与真实物体一致，具有复杂造型，但墙面纹理可能做了简化，一栋房屋采用一种缺省纹理。三是在复杂造型的基础上附上真实纹理，形成虚拟现实景观模型。

（4）地理信息系统在景观规划设计中的运用

景观规划设计是以科学规范为基础，适当结合艺术手法，追求人与自然和谐相处，以最大化协调土地利用与可持续发展为基本目标，以实现空间规划、设计与管理不脱节的规划布局。具体来说，虽然城市景观规划的理论内容比较繁多，但总体基础方法还是相对统一。主要是设计师根据现场调研，在上位规划和各种相关规范的指导下，手绘方案草图助理设计师根据方案草图结合专业知识，进行CAD软件描图，由此得到初步的方案平面设计；然后导图结合Photoshop软件得到彩色平面图，以便更精准地初审方案布局的合理性；最后运用3Dmax和Sketch Up三维建模以及Photoshop绘制的效果图表现它的设计思路、局部节点设计和整体效果。

这样一套流程得到的成果图即使迎来一场令人震撼的视觉飨宴，也仅仅是孤立于场地狭隘的景观效果变现。设计不是艺术，太多主观因素的加入和过于追求意境表达的做法，使得规划结果的精确性与实施性有失水准。因此GIS在景观规划设计中的应用也就意味着一种理性数据化的城市景观设计手法应运而生。

①小尺度景观规划项目

小尺度设计即是所谓的细部设计从具象思维出发，着重规划解决一些场所构建的具体设计，其内容包括结构、功能和空间的细化以及元素和细部之间的美化、协调等。小尺度设计尤其注重设计理念，讲究设计手法对于场地细节的着重表现更是重中之重。GIS可辅助完成景观规划设计前期准备工作，中期调研工作以及后期实施内容。例如，项目细节的评估具体的功能定位和具象的空间布局研究施工工程预算评估。在设计前期阶段GIS的作用主要表现在，利用其空间分析功能协调周围环境，处理场地地形、水文情况、日照环境等相关要素。

②中尺度景观规划项目

中尺度景观设计并不局限于项目细部设计，而是对项目场地和周边邻里之间的关系进行尺度设计。可以概括为两个部分内容，即前期的规划布局和后期的总体设计。进一步解释为，分析评估某区域能否进行景观开发建设。先决条件得以满足后，初步确定景观规划的大体格局和框架思考设计方案与邻里环境的整合，合理性提出整改解决的方法。

在规划其尺度空间时，为了其精准性和高效性，并不能只满足于CAD地图研究，一般需要卫星地图，最好是结合现场勘查的照片深入解读场地情况实时更新场地概况。规划范围内场地的地形勘察、水文特征的详细研究和记录以及场地原有的生态修复功能、生物多样性评估和重要节点景观视线分析等都可以借助GIS完成。

在场地设计方案初步完成后，又可以借助GIS技术完成各个节点的定位分布及其交通流线的合理性等具象内容的评估，做到有秩序、有设计地布局节点景观，而不是随意堆砌。与此同时还可以对场地景观的整体建成效果进行模拟，预测其效果，模拟其承载力。

③大尺度景观规划项目

社区和区域的交通运输、人车道路分流、土地利用以及暴雨管理和基础设施规划情况等是大尺度景观规划的重点关注内容。如果方案立足于塑造"社区感"则需要有秩序地组织限定范围内的空间、相关地标、主干道、核心节点以及对邻里特征影响较小的独立街区等要素。而"区域感"获得被人感知的途径就是通过重要的交通系统和场地可以借助的远景内容。所以，在较大项目景观规划中GIS的运用更是不可或缺。

通过规划实现的最伟大进步不是力图征服自然，不是忽视自然条件，也不是盲目地以建筑物替代自然特征、地形和植被，而是用心寻找一种和谐统一的融合。大项目的设计背景较为复杂，需要考虑的因素较多，传统方法未免会忽略一些问题。运用GIS重点解决的问题较多，诸如如何对目标区域的生态环境、承载力和土地使用适宜性进行准确评估。同时，发掘区域内潜在的或现存的，可以利用的栖息地资源和水文系统，将需要保护和建设的对象区分开来，对设计区域进行功能分区的分析与调整，并结合实际情况提供合理的用地布局方案。

3. 全球定位系统

全球定位系统是导航、授时和定位系统，主要用于某个点的空间定位（包括纬度、经度和海拔高度）。对于大尺度，用传统的罗盘或地标物方法对景观单元进行具体的空间定位是非常困难的，而全球定位系统却能方便、精确地解决这一问题。全球定位系统目前已广泛应用于军事、土地勘测、森林火灾、病虫害监测、导航、交通、通信、建筑和制图等诸多领域，并为遥感技术、地理信息系统提供重要的数据源，如遥感技术的图像处理，利用全球定位系统得到定位信息，做图像校正。

全球定位系统技术对景观生态学研究有重要的推动作用，其应用主要集中在以下几方面：监测动物活动行踪、生境图、植被图及其他资源图的制作；航空照片和卫星遥感图像的定位和地面校正；环境监测等方面。

4. 3S 集成系统

其实，3S 技术在应用过程中并不是完全独立的，而是相互作用、取长补短、综合 3S 技术使用的。遥感技术、地理信息系统、全球定位系统三者的集成化即所谓的 3S 集成系统，是当前研究的热点。

在 3S 集成系统中，遥感技术是获取空间信息的重要方式，提供研究范围的遥感图像信息；全球定位系统技术是空间信息定位的框架，提供研究范围内特征物的定位信息；地理信息系统技术是表达、集成和分析信息的先进手段，对遥感技术、全球定位系统及其他来源的信息进行管理、分析处理和显示。因此，可以将地理信息系统看作中枢神经，遥感技术看作传感器，全球定位系统看作定位器。

3S 集成系统为景观规划设计提供直接的数据服务，可以快速地追踪、观测、分析和模拟被观测对象的动态变化，并可高精度地定量描述这种变化。

3S 集成系统作为一种综合有效的方法和手段，在乡村景观规划领域发挥着越来越重要的作用。

（1）全球定位系统用于乡村景观规划设计中的工程定位

利用全球定位系统对采集的乡村景观信息进行空间定位，准确把握乡村景观变化区域的位置。同时，全球定位系统数据遥感信息也是一个必要的、有益的补充，可为地理信息系统及时采集数据，更新和修正数据。

（2）遥感技术为乡村景观规划设计获取景观平面现状资料

利用遥感技术获取乡村聚落、农田、道路、水系和植被等景观资源的数据，为乡村景观规划提供丰富的信息。通过遥感图像，掌握景观资源空间变异的大量时空变化信息，可分析乡村景观的形态特征、空间格局和动态变化等。

（3）地理信息系统为乡村景观规划设计存储、分析数据、方案决策和模拟

利用地理信息系统建立乡村景观空间信息系统，包括自然条件（土壤、地形、地貌、水分等条件）、乡村聚落用地规模管理、农田土地管理、水系、道路和自然植被的空间分布等空间数据库，为乡村景观规划设计提供翔实的资料。

第一，借助地理信息系统强大的空间分析能力，可进行乡村景观适应性评价、斑块规划平衡分析、规划技术指标分析、规划廊道网分析和规划方案评价等专题分析。

第二，运用地理信息系统强大的管理和分析功能，计算乡村聚落和农田规模以及环境容量，进行有关乡村景观规划设计的各项技术经济指标和生态指标分析，辅助乡村景观规划设计。

第三，基于地理信息系统数据进行乡村景观可视化，辅助进行形象思维和空间造型，由此对规划设计作出正确评价和筛选。

第四，借助地理信息系统实现乡村景观格局变化的动态监测和模拟分析，为分析乡村景观资源有效利用状况提供专业分析模型，并为乡村景观规划、建设和管理提供辅助决策支持。

（二）景观可视化技术

从人类认知的角度出发，可视化技术是人类认知的基本手段。可视化的基本含义是将科学计算中产生的大量非直观的、抽象的或者不可见的数据，借助计算机图形学和图像处理等技术，用几何图形和色彩、纹理、透明度、对比度和动

画技术等手段，以图形或图像信息的形式直观、形象地表达出来，并进行交互处理。对于工程设计尤其是对建筑、城市规划和景观规划来说，可视化技术的发展经历了三大主要阶段：传统可视化、现代可视化、虚拟现实。其前提是基于计算机软、硬件技术的迅猛发展。

1. 传统可视化

实际上，可视化并不是一个全新的现代概念，人类很早就采用了形象而直观的方法，如通过模型、绘图和绘画来描述数据之间的关系，人们因此更加容易观察、研究事物或现象的本质，这在建筑和规划设计领域尤为突出。例如，“兆域图”是从战国时代中山国王墓群中出土的一件铜制文物，厚约 1 厘米，面积为 98 厘米 × 48 厘米，其一面用金银镶错的国王、王后陵墓所在地区——兆域的平面图，并附有名称、尺寸和说明地形位置的文字。据研究，该图大体上是依据一定比例绘制的，可以说是中国现存最早的建筑总平面图。在中国隋代，建筑设计中已采用图纸与模型相结合的方法，如宇文恺用 1∶100 比例尺制“明堂”图，并做模型（木样）送朝廷审议。这种利用比例关系绘制建筑图和制作实体模型的方法，在中国建筑史上是一大创举。

英国最著名的园艺师亨弗利·雷普顿在造园中还发明了所谓的“Slide 法”。这是一种叠合图法，即将经改造后的风景图与现状图贴在一起。这种对比方法在当今景观规划设计领域被普遍采用，并作为规划设计和评价过程中不可缺少的部分。

即使在当今计算机普及的时代，在建筑和规划设计领域，传统可视化（手绘）仍然是设计前期普遍采用的一种方法。设计师在进行设计构思的时候，常常借助手绘草图、模型等手段来表达设计概念或想法，从直观的视觉效果中不断完善设计方案。虽然这种传统的可视化手段存在很多的局限性，带有太多人为因素，不能再现真实效果，但是作为快速、便捷、直观和有效的可视化方法，仍然被广大的专业设计人员所采用。

2. 现代可视化

1951 年 6 月 14 日，Unisys（优利系统）公司推出了第一台商用 UNI-VAC-1 计算机，标志着计算机进入了一个崭新的、商业应用的时代。虽然可视化不是什么新鲜事物，但由于计算机生成和处理大量数据能力的不断提高，增强了对可视化的需求。现代可视化技术经历了从二维到三维、从静态到动态的发展过程。

（1）二维可视化

由于早期计算机处理能力的限制。科学家只能用平面上的“等值线图”“剖面图”“直方图”及各种图表来综合数据，这就是现代“可视化”的开始。它将枯燥的数据以图形这种比较直观的形式表现出来，使人们可以快速准确地把握繁杂数据背后所隐藏的规律。对于工程设计来说，计算机可视化技术使设计人员从丁字尺、三角板、圆规和模板中解放出来，各种工程图（二维）可以通过相应的开发软件在计算机上进行绘制、显示和输出，极大地提高了工作效率。

（2）三维静态可视化

人们通常所讲的可视化是指三维数据的可视化，它是20世纪70年代中期伴随着影像技术的产生而发展起来的。作为真正意义上的高新技术的可视化方法，始于20世纪80年代。1987年，由麦考密克（McCormick）等人正式提出了“科学计算可视化”这一全新的概念，后来又被简称为“科学可视化”，甚至干脆称为“可视化”。

科学计算可视化一经提出，很快就在计算机图形学的基础上发展成为一门新兴的学科。科学可视化不同于传统意义上的可视化，尽管有关“科学可视化”的定义很多，但是基本上都包含了两层含义：一是可视化将抽象的符号信息（数据）转换为视觉信息（图像），二是可视化提供了一种发现不可见信息的方法。科学可视化技术彻底地改变了人们的工作方式。

科学可视化技术给建筑、城市规划和景观专业带来了历史性的变革，深刻地改变了专业人员的设计观念。目前，三维可视化技术（如三维效果图）已经完全应用于建筑、城市规划和景观设计中，成为设计中必不可少的辅助设计手段。它不仅形象直观，而且便于开发商、设计人员以及决策者之间的交流和沟通。

（3）三维动态可视化

科学可视化的另一顶主要应用是动画技术。三维动画技术又称为“三维预渲染回放技术”，事实上是由一组连续的静态图像（画面）按照人为指定的物体的运动路径所组成的图像或图形序列。三维动画技术广泛应用于影视、广告、建筑、城市规划、景观、房地产、航天和气象等行业。

与三维静态可视化相比，三维动画技术在景观规划设计中的优点在于：一是可以考察设计方案的整体效果以及对环境的影响、论证方案的合理性，并提出修改意见；二是模拟人穿行在设计方案中，考察景观细部、比例以及各景观要素的配置，以人的视觉效果感知空间设计的合理性；三是利用三维动画软件中丰富、逼真的材料和质感，模拟设计方案中的最佳视觉效果。

但三维动画技术也有其不足之处，在 CAD 和 3DS/3DMax 中进行三维设计时要求使用者具备专业级计算机造型能力，生成的三维动画文件对用户来说是一种传教式的、被动的缺乏交流的灌输，而不能由用户控制来观看，如放大、缩小、漫游和旋转等。

3. 虚拟现实

虚拟现实是 20 世纪 90 年代与科学可视化一起从图形学方向派生出的两大新的研究领域，它们之间存在着必然的联系。可视化技术的需求促进了虚拟现实技术的发展，虚拟现实技术可使科学计算高度可视。建筑、城市规划和景观规划设计一直是对全新的可视化技术需求最为迫切的领域，虚拟现实技术能有效地弥补三维可视化在人机实时交互等方面的不足，因此虚拟现实技术一经出现就被广泛应用于建筑、城市规划和景观规划设计领域的各个方面。

虚拟现实是一种基于可计算信息的沉浸式交互环境。具体地说，就是采用以计算机技术为核心的现代高科技生成逼真的视、听、触觉一体化的特定范围的虚拟环境，用户借助必要的设备以自然的方式与虚拟环境中的对象进行交互作用、相互影响，从而产生身临其境的感受和体验。

虚拟现实具有“3I”的基本特征。

（1）Immersion（沉浸感）

在计算机生成的虚拟世界里，用户通过视觉、听觉和触觉自然地与之交互，具有与在现实世界中一样的感觉，沉浸感是虚拟现实的首要特征。

（2）Interaction（交互性）

虚拟现实与三维动画的区别在于它不是一个静态的世界，用户不再是被动地接受计算机所给予的信息，而是通过交互设备来操纵虚拟世界或被其影响。

（3）Imagination（构想性）

用户在沉浸于虚拟世界的同时获取新的知识，提高感性和理性认识，从而深化概念和萌发新意，启发人的创造性思维。

根据用户参与形式和沉浸程度的不同，可以把各种类型的虚拟现实技术划分为以下四种类型：桌面虚拟现实系统、沉浸虚拟现实系统、增强虚拟现实系统、分布式虚拟现实系统。

虚拟现实技术在城市和景观规划领域中应用非常广泛。传统方法中，人们对历史环境和景观的理解仅局限在静态的图像和文字层面，而虚拟现实技术从根本上改变了人们对历史环境和景观的理解，通过实时的人机交互，人们可以任意漫游于虚拟的历史环境中，重新找回失去的感觉和体验。

六、人才保障

人才是乡村景观规划成功的一大保障，人才在其中发挥着不可磨灭的作用。

（一）人才引进

首先，要积极吸引本地优秀人才回乡干事创业。建立回乡创业园区，为有知识技术、有资金的创业人员搭建干事、创业、服务的平台。政府为回乡创业人员在资金扶持、技能培训、产业推介、科技示范等方面提供相应优惠政策。

其次，要加大精准引智与柔性引智力度。各地区经济社会发展阶段不同，产业发展特色也不一样，要根据各地区实际情况，以产业需要为依据，围绕乡村景观规划需要的种植业、养殖业、林业、花卉苗木产业、农产品加工业、乡村旅游业各个生产环节，有针对性地引进工艺流程和生产管理方面的专业技术高端人才。特别是针对专家院士等高端人才，可以通过项目合作、资源成功共享的方式，持续柔性引进。

（二）农业人才培育

通过培育新型主体，带动企业培养人才，开展“公司 + 合作社 + 家庭农场 + 种养大户”的合作模式，鼓励有条件的龙头企业，推动集群发展，积极鼓励、引进和扶持各类农业开发企业通过公司建园、土地流转等方式，建设产业基地、扩大生产规模、延伸产业链，重点扶持企业建基地、打品牌、占市场，提高全市产业化发展水平，培养产业化人才。围绕全市大宗农产品销售，采取以奖代补的形式，扶持市场渠道广、销售数量大、带动能力强的农产品流通经纪人和流通大户进一步做大、做强，畅通农产品流通渠道；开展“科研院所 + 龙头企业 + 合作社 / 大户”的合作模式，将科研成果在企业内推广转化。以农业龙头企业带动核心区农业的科技创新，龙头企业通过“订单”等形式与农户建立稳定的利益联结机制，带动农业增效，农民增收；开展“旅游公司 / 旅行社 + 园区 + 合作社 + 农户”的合作模式，利用农业景观资源和农业生产条件，从事农业观光休闲旅游活动和乡村景观休闲游，根据市场需求制定组合产品、旅游线路行程，促销产品、传递信息，宣传旅游产品。同时，还要不断地组织协调，安排客源，实地接待，提供服务，提供乡村旅游从业人员服务意识。

（三）现代职业农民培训

根据不同层次和不同产业，按照专业化、技能化、标准化的要求确定培训内容，主要有以下四大类：

第一，以提高种植技术水平而设置，主要包括各类农业新品种、新技术、新装备的应用能力等。

第二，以增强市场意识和销售能力而设置，包括农产品营销、农产品经纪人等。

第三，以提高生产管理水平而设置，包括农业企业管理、农产品质量安全控制等。

第四，以激发青年农民创业而设置，主要包括现代农业发展趋势、各项惠农支农政策、农村政策法规、农村金融等。

坚持“就地就近，进村办班”的培训原则，以当地学校或农民培训教室为教学地点实施培训。

第三节　乡村景观规划的管理

在社会经济高速发展的今天，焕然一新的生活环境与生活质量的提高，也使乡村居民在认识和观念上都有不同程度的提高和转变，同时对于人居环境提出了更高的要求。因此，加强乡村景观规划的管理是非常必要的。

一、中国乡村景观规划与管理现状

（一）乡村景观规划管理成就

随着新农村建设的持续推进与乡村经济的快速发展，我国乡村景观规划管理呈现出一些新的特征。

首先，乡村人居环境意识逐步增强。村民对于景观的认识有所转变和提高，对景观的舒适性和观赏性产生更高的需求。其次，乡村景观规划设计水平不断提高，充分体现在科学规划的布局，设计与质量的标准化，绿化景观与农宅的合理分布。最后，相关职能部门的调控和主导作用不断增强。政府采取措施不断加大对乡村各项事业的投入。与村民生产生活密切相关的道路、供水、通信、排污等基础设施得到进一步完善，村庄休闲娱乐设施、绿化等景观要素逐渐集聚，农业景观的保护和开发逐渐得到重视，在新建、重建住宅和公共用地的规划和管理上实行较之以往更为严格的控制和相应的指导。这些措施在一定程度上改善了村民的居住环境，使村容村貌得到一定的改观。

随着科、教、文、卫等一系列设施的建成，很大程度上改善了村民的生产与生活，大大加快了乡村精神文明建设，美化了生活环境，使村容村貌有了很大的改善。这一切对于乡村景观规划建设的兴起和发展起到不可低估的作用。

（二）乡村景观规划管理现状

新农村建设在闽南乡村蓬勃兴起的同时，也暴露出了不少的问题。城镇化扩张步伐的不断加快、城镇人口的激增，导致城市不断向乡村延伸、大量农村用地被征用为城市建设用地、新的集镇不断出现、传统的乡村景观格局受到很大冲击。

1. 景观保护意识不足

随着农村经济的发展与城市生活方式的渗透，富裕起来的村民对自身居住环境具有求新求变的迫切愿望。但由于受城市建筑形态、居住标准等因素影响，以及个人审美情趣、景观理论指导缺失等原因，部分村民盲目向往现代的建筑方式，一切都向城市看齐，却忽视了对乡村的认同感，传统民居的特点和价值被渐渐淡忘。许多农宅纷纷照搬城市的建设模式，在大片传统农宅得到翻新重建的同时，见证了乡村兴衰历史的古建筑、古树名木、古井戏台却因为缺乏保护而逐渐衰落。

由于缺乏景观环保意识，有些人片面追求经济利益，大肆无度开发乡村宝贵资源，使生态环境遭到不同程度的破坏。大量农业用地被征用，使农业景观面积不断萎缩，自然斑块面积加速缩小。乡村景观逐渐失去固有的田园风光和文化底蕴，此外，林间和坡地间随意零星开垦和建造私宅等现象，都对乡村自然景观造成严重的破坏，乡村景观的可持续发展受到威胁。

2. 建设与规划缺失

一些地区仍有部分村庄未能完成景观规划编制，导致景观建设随意性较大。一些村庄虽已完成规划方案，但由于资金短缺等各方面原因，早先定下的规划方案长期无法得到实施；规划方案已付诸实施的村庄，其规划重点大多集中于新建、改建农宅建筑上，对于乡村民居和公共空间等生活区域的改造和建设未进行系统的景观规划设计。部分乡村发展与改造建设的随意性较大，景观内涵和功能定位的不统一，常导致形式、风格、体量、布局、绿化（结构、质量）等方面出现混乱的现象。

经济状况好的农户，其农宅样式新颖，建筑高度更高，体量更大。经济实力较差的农户建宅则形式单一，建筑外部装饰简单，有的甚至不加任何修饰，在视觉观感上形成强烈反差；一些村民出于经济利益和自身方便的考虑，往往将住房随意建在村庄对外交通干道旁，导致村落景观布局混乱；不少村庄已建的绿地景观效果较为一般，绿地固有的休闲功能无从发挥。

3. 指导和监管缺失

乡村景观建设涉及面广，牵涉部门多，需要各方相互配合。当前部分乡村景观建设中的基础设施改造、民居搬迁、环境景观营造等方面仍存在权责不清、信息沟通不畅等现象，缺少必要的统筹协调和监督管理。部分相关部门在新农村建设过程中指导不足，对出现的一些问题监督和管理缺失。不少村庄在景观建设中无章可循，乡村景观建设混乱的现象长期存在。

4. 扶持政策亟须完善

当前大多数村庄的景观基础设施建设仍较为薄弱，需要更多的政策加以扶持和提升。例如，旧村改造中村民的废弃旧房、猪圈等土地权属问题；道路、绿化等公共空间的资金不足问题；农村产业结构调整与农业景观建设的融合，则急需相关的政策指引；旧村改造中农民建房的税费问题等。

二、我国乡村景观规划与管理举措

乡村景观管理与维护工作是一项复杂而系统的社会工程，其目的是为村庄创造良好的生活、生产和生态环境。根据目前中国乡村景观规划与建设现状，加强乡村景观规划管理应注意以下几个方面：

（一）健全管理机构

建立乡村景观规划审批、规划管理与规划监督分别管理的机制。这样可以避免权力过于集中而导致规划实施过程中出现的各种问题，增加擅自变更规划的难度和透明度，确保规划的正确实施，从制度上保障规划的实施。通过这种分别管理的网络式结构，可形成层次分明、职责明确和明晰高效的规划管理组织体系。

（二）乡村景观教育

村庄居民大多缺乏正确的景观观念，更不清楚乡村景观所具有的社会、经济、生态和美学价值。乡村景观的可持续发展需要长期加强对村庄居民进行景观价值的宣传和教育，一方面，村民可以获得乡村景观及景观生态保育的知识，使他们认识到乡村景观规划建设不仅仅是改善居住生活环境和保护生态环境，更重要的是与他们自身的经济利益息息相关。通过乡村景观的规划建设，利用各地乡村景观资源优势，可以发展村庄旅游等多种经济形式，提高村民的经济收入。另一方面，让村民了解当地乡村景观的发展规划，这样才可能在行政主管部门的各种活动方面支持相关的乡村景观的建设行动。也只有这样，才能激发村庄居民自觉地投入到乡村景观的规划建设中去。乡村景观教育不仅仅针对村民，也要针对乡村景观的规划管理干部。进一步加强乡村景观规划建设法规的宣传普及，逐步提高广大居民的法治意识。增强遵纪守法的自觉性，及时查处违法建设行为，加强执法力度，切实维护乡村景观规划的严肃性。

一旦村民意识到自己家园的重要性，开始组织动员起来，政府自然无须大费周折地推广与宣传，只要顺势而为，并给予适当地协助，则所有改善乡村景观的事务皆可以顺利推展。

（三）公众参与制度

自从 20 世纪 60 年代以来，西方国家政治生活中掀起的公众参与浪潮很快影响到规划设计领域，并逐渐地贯穿于规划的全过程，成为政府决策的重要步骤，尤其在历史景观保护方面发挥着重要作用，并于 20 世纪 80 年代末 90 年代初开始影响我国规划设计界。

随着经济的发展和生活水平的提高，村民对其聚落环境有着求新求变的心理，这是无可厚非的，但是由于受到当前城市居住标准、价值观以及建筑形式等的影响，失去了自我判断的标准。发展中的村庄大多向城市看齐，把城市的一切看成现代文明的标志，村庄呈现出城市景观。如有的村庄在规划建设时，提出了“建成城市风貌”的口号，一些在城市早已开始反思的做法却在村庄滋生蔓延。在这种观念意识下，公众参与的作用也就不言自明了。

因此，针对转型期村民的认识问题，在目前乡村景观的规划与建设中，公众参与还只能停留在低层面的水平，其作用更多的是了解村民的想法和意愿，最大限度地保护他们的合法利益。由于认识水平的局限，他们对于规划建设的意见只能作为一种参考，应选择性地采纳他们合理的意见。唯有真正了解村庄的人才能判断哪些东西需要保留，哪些东西需要更新以及如何更新。只有村民在变革的社会中重新找到共同的价值观和对自己家园的认同感，这时的公众参与才能真正贯穿于规划与建设的全过程，发挥其应有的决策作用，体现公众参与的价值和意义。

（四）规划设计制度

规范规划设计市场，建立市场准入制度，提高乡村景观规划设计水平。城市规划法和建筑法是规划与建筑管理的基本法规，注册执业制度也明确规定了只有取得执业资格的专业人员才能从事相应的规划与建筑设计。

各级规划行政主管部门要组织对村镇规划和建筑设计的队伍进行监督审查，严禁无证、超资质承担规划设计任务。对达不到规划设计要求的建设项目，不得办理规划批准手续。积极推行专家评审制度和规划公示制度，以确保规划设计和工程质量。

一些经济发达的村庄地区，从规划、设计到建设由当地政府统一组织实施，这对于确保乡村景观整体风貌是大有好处的。然而，由于对村庄居民住宅设计没有指令性规定，即必须由具有执业资格的建筑师承担设计，因而，自行建设，相互模仿，以至于一个地方甚至一个地区所有的房子基本上都是一样的，造成许多村庄建筑景观上的负面影响。

解决这些问题的关键是政府要有好的政策引导。因此，政府应加强政策引导，灌输村民住宅设计正确程序的观念，积极推动示范住宅的建设，而且应明确规定住宅设计的执业资格。这不仅是改善乡村景观刻不容缓的工作，而且对于规范规划设计市场也是有益的。

（五）乡村景观维护

乡村景观维护是一项非常有价值的工作。对于乡村景观建设及一些景观生态恢复的项目，在施工完成后进行必要的维护是非常重要的，如锄草、修剪、树木养护和移植等，这样有助于村庄自然景观生态系统的形成，尽快地达到预期的效果。例如，德国很多耕地因贫瘠而不再具有生产的价值，因此一些具有环保意识的团体就会预付一定的报酬给当地的村民，在一些荒废的耕地上或在与自然关系密切的土地上进行环境保育工作。乡村景观维护不仅可以吸纳一小部分村庄剩余劳动力，而且村民也因环保工作增加所得，可以弥补一些农业上的损失。

（六）乡村旅游规划

乡村旅游以农家乐、规模化农业种植基地、农业园区为主要吸引物，对开发传统田园旅游却极少关注。绝大部分的游客希望看到自然的湖光山色、传统景观和建筑，对于外来的欧式建筑、与城市风格相似的“钢筋水泥”的现代建筑和现代农业景观并不热情。

传统田园景观是宝贵的旅游资源。以英国为例，英国的国家公园许多属于乡村用地，其牧场、农田景观成为国家保护的珍贵资源。在吸引游客方面，英国的乡村景观负有盛名，如伦敦周边的科斯沃尔德地区，吸引了许多国内外的游客前往参观休闲。

1.“乡村公园”休闲度假区

乡村公园是指由一个或若干个现代农业园区组合而成的，由一个或若干个业主合作经营的，较大规模、功能设施齐全的乡村旅游度假区综合体。

乡村公园由于依托现代农业园区，因此可以充分利用农业园区统一规划的优势，进行统一的规划建设和开发。采用原生型乡村旅游度假区、高新技术农业观光区、农业主题公园等经营模式。旅游配套设施集中建设在园区核心，形成集中的餐饮、住宿、娱乐度假场所，同时带动周边散户农家乐提供餐饮、住宿等旅游服务。

2. 乡村花果基地

乡村花果基地是指依托现有较大规模的花果基地（农业产业调整较成功，已形成大规模特色经济林果作物，但土地经营权仍然以农户为主），主要以花果为特色，进行旅游开发的农家乐型度假基地。

花果基地与乡村公园的主要不同之处在于，乡村公园是依托农业园区建成的，其土地已经统一流转到一个或几个业主之下，园区也由这些业主统一经营管理。花果基地的土地流转比例较小，以散户拥有为主，并且由于水果经济效益较好，农户流转土地的意愿不强，因此花果基地较难像园区一样进行统一规划和集中开发。

升级散户农家乐的旅游观光模式，形成“花果社区 + 小型农庄”的总体意向。加大自然林的种植面积，增加乡村本土植物多样性，营造乔灌草的绿化体系，精细化乡村道路、建筑设计。

鼓励增加湿地、绿地、原生态植被、菜园等多样化的土地利用，开辟徒步道路、户外教育场地、幼儿活动场地等，加强旅游项目主题设计。

保持自然质朴的农村特色，对农家乐建筑采取适当维修保护而不是大规模的改造。农家乐的建筑房屋主要按照当地民居特点进行设计和改造，要求使用本土材料，鼓励由建筑师、艺术家、当地手工艺人参与设计的艺术型农舍设计，提升农家乐的建筑设计水准，鼓励使用传统林盘改造成为农家乐。

3. 民俗村旅游

鼓励以村级为单位整体开发区域内林盘，形成民俗村的旅游形式。通过古村落观览、农事体验、度假休闲、传统教育、科普教育等方式，开展以村为单位的休闲、游憩、娱乐等旅游活动。利用农户庭院空间以及周围的农家资源，增设耕地种菜、采摘、自选自做等服务项目。民俗村既可由企业统一开发，也可以由村域范围的农家乐或村集体集中开发。

参考文献

[1] 郑辽吉 . 乡村旅游转型升级与多功能景观网络构建 [M]. 沈阳：东北大学出版社，2021.

[2] 张天柱 . 乡村振兴与农业产业振兴实务丛书现代农业展示温室设计与案例分析 [M]. 北京：中国轻工业出版社，2021.

[3] 宗轩，张峥 . 从基础走向实践建筑学专业教学手册 [M]. 上海：同济大学出版社，2021.

[4] 吕勤智，黄焱 . 乡村景观设计 [M]. 北京：中国建筑工业出版社，2020.

[5] 林方喜 . 乡村景观评价及规划 [M]. 北京：中国农业科学技术出版社，2020.

[6] 吴鹏 . 乡村景观改造设计研究 [M]. 西安：西安出版社，2020.

[7] 刘珊珊 . 乡村景观规划设计研究 [M]. 北京：原子能出版社，2020.

[8] 路培 . 乡村景观规划设计的理论与方法研究 [M]. 长春：吉林出版集团有限责任公司，2020.

[9] 孙凤明 . 城市郊区乡村景观规划研究 [M]. 石家庄：河北美术出版社，2020.

[10] 郭雨，梅雨，杨丹晨 . 乡村景观规划设计创新研究 [M]. 北京：应急管理出版社，2020.

[11] 徐斌 . 乡村景观实践之村落景区 [M]. 北京：中国建筑工业出版社，2020.

[12] 曹宇 . 快速城镇化地区乡村景观服务时空分异与可持续性管理研究 [M]. 杭州：浙江大学出版社，2020.

[13] 张宏图 . 乡村环境规划与景观设计 [M]. 北京：原子能出版社，2020.

[14] 庄志勇 . 乡村生态景观营造研究 [M]. 长春：吉林人民出版社，2020.

[15] 石鼎 . 文化景观视野中的乡村遗产保护 [M]. 北京：中国书籍出版社，2020.

[16] 李红波 . 基于景观系统的特色乡村及其国土整治方法与案例 [M]. 北京：科

学出版社，2020.
[17] 严少君 . 文化景观在美丽乡村规划中的应用研究 [M]. 北京：中国林业出版社，2020.
[18] 杜发春，韦小鹏 . 人类学与乡村振兴 [M]. 哈尔滨：黑龙江人民出版社，2020.
[19] 何崴编 . 为乡村而设计中国民宿 [M]. 沈阳：辽宁科学技术出版社，2020.
[20] 汤喜辉 . 美丽乡村景观规划设计与生态营建研究 [M]. 北京：中国书籍出版社，2019.
[21] 鲁苗 . 环境美学视域下的乡村景观评价研究 [M]. 上海：上海社会科学院出版社，2019.
[22] 李卫东 . 乡村休闲旅游与景观农业 [M]. 北京：中国农业大学出版社，2019.
[23] 刘娜 . 人类学视阈下乡村旅游景观的建构与实践 [M]. 青岛：中国海洋大学出版社，2019.
[24] 熊星，唐晓岚 . 乡村景观源汇博弈 [M]. 南京：东南大学出版社，2019.
[25] 徐超，陈成 . 乡村景观规划设计研究 [M]. 北京：中国国际广播出版社，2019.
[26] 徐斌 . 乡村景观实践之精品线路 [M]. 北京：中国建筑工业出版社，2019.
[27] 吕桂菊 . 乡村景观发展与规划设计研究 [M]. 北京：中国水利水电出版社，2019.
[28] 任亚萍，周勃，王梓 . 乡村振兴背景下的乡村景观发展研究 [M]. 北京：中国水利水电出版社，2019.
[29] 樊丽 . 乡村景观规划与田园综合体设计研究 [M]. 北京：中国水利水电出版社，2019.
[30] 高小勇 . 乡村振兴战略下的乡村景观设计和旅游规划 [M]. 北京：中国水利水电出版社，2019.
[31] 玄颖 . 乡村环境保护与景观建设研究 [M]. 长春：东北师范大学出版社，2019.
[32] 付美云，陈乐谓等 . 乡村湿地景观资源开发利用与保护 [M]. 北京：中国林

业出版社，2019.

[33] 郑忠民 . 乡村空间 [M]. 杭州：浙江摄影出版社，2019.